電磁場の発明と量子の発見

筒井 泉 著／パリティ編集委員会 編

丸善出版

まえがき

この本は，昭和の終わり頃から30年以上にわたり物理学の愛好家や研究者に愛読され，令和改元とともにその幕を閉じることになった『パリティ』誌の，その光芒の末尾の1年間に連載されたものをもとに成ったものである。単行本化にあたり，連載12回中の記法を整え，誤りを正し，また文章にもかなり手を入れて読みやすいものにした。さらに，番外編を新たに書き加えて，連載中に尽くせなかった黒体輻射に関する逸事を収めた。

さて掲載時のタイトルは「電磁気現象にみる古典と量子の交叉点」であったが，単行本ではこれを『電磁場の発明と量子の発見』に改めた。この改題には理由がある。

本文の冒頭にも書いた通り，連載では電磁気の現象の理解が現代の物理学にどのように繋がっているかを提示することを目的とし，なかでもよく知られた相対性理論への繋がりではなく，むしろ副次的，偶然的なものと考えられている量子力学への道筋を浮き彫りにすることに狙いがあった。連載を終え，こうして一冊の本にして通読してみれば，じつのところ，電磁気現象と量子力学との関係は意外なほど密接なものであったことが明らかになった感がある。誤解を恐れずにいえば，電磁気学の嫡子は相対性理論ではなく，量子力学であったのである。このことは恐らく本書を読まれた方々の多くが，少なからぬ驚きをもって感得されるのではないだろうか。

電磁気現象から量子性の認識に至る道程は，しかしながら容易なものではなかった。電磁気の力を担う「力線」の描像から，大胆にも「場」という空間に満ちた連続的な媒体の概念を提議したのはファラデーである。この「場」の考えはケルヴィンの仲介を通してマクスウェルが理論的に整理し，その実在性に確固とした礎が提供された。その後のヘヴィサイドらによる理論の近代化のなかで，電磁場を記述するベクトルポテンシャルの物理的実在性が問題となった。

彼ら英国の研究者たちが「場」による一元的記述を模索する一方で，欧州大陸ではエネルギー保存の概念が重要なものとなっていた。さらにキルヒホフらによって分光学の研究が進み，そのなかからローレンツの「場」と「粒子」の相互作用の考えが生まれる。ここに19世紀，電磁気学と並行して発展していた熱力学や統計力学の考えが合流し，プランク，ひいてはアインシュタインの「量子」の概念に逢着(ほうちゃく)するのである。ファラデーの電磁場は彼の心眼による新概念の「発明」であったのに対し，プランクらの量子の概念は自然現象のうえからののっぴきならない「発見」なのであった。そしてこの量子の世界において，ベクトルポテンシャルの物理的意義が初めてみえてくるのである。

本書は物理を愉しむ方々に気楽に読まれることを念頭に書いたものであるが，読者としては大学学部生のレベルを想定したことから，正確を期すために必要な数式を使うことを禁じなかった。ただし数式になじまない人が，これを避けて読み進めても大意は通ずるようにしたつもりである。数式に嫌悪感をもつかどうかはたんなる慣れの問題であるから，慣れない場合はそれらを一切合切無視し，代わりに全編にちりばめられた逸事のみを読み継いでも，大筋の理解には影響しないだろう。

最後になったが，連載時より単行本化に至るまで，著者の遅筆のために甚大な迷惑を被ったにもかかわらず，辛抱強く，かつ朗らかにお世話いただいた丸善出版企画・編集部の福田教紀，佐久間弘子，北上弘華の諸氏に，深く感謝の意を表したいと思う。

令 和 元 年 師 走

著 者 識

目　次

第1話

ファラデーの着想：力線の登場

はじめに

本書では12話と番外編1話の構成で，電磁気現象に見え隠れする古典物理から現代物理への移り変わりを歴史的にたどりながら，あれこれ思いつくことを述べたいと思う。とはいえ，筆者は電磁気学を専門とする者ではなく，また科学史にも素人にすぎない。ただ場の量子論から量子力学の基礎にわたる分野の一研究者の視点から，大学の初年級あたりの学生を対象に，当時，それまで知られていなかった電磁気の珍奇で多様な現象を咀嚼し理解するうえで派生した概念が，現代の物理学にどのようにつながっているかを，ある程度，筋道立てて提示することを目標としたい。周知のように，現代の物理学の2本柱は相対性理論と量子力学である。このうち相対性理論については電磁気現象をまとめ上げた法則からじかに導かれるものであり，それらの関係はよく知られている。一方，量子力学との関係は間接的なものであり，認識されることが少ないように思われる。本書では，後者の関連に意識的にふれることから表題のようなタイトルにしたが，内容的には現代物理学への道筋を述べるものであり，とくに後者に限定するものではない。

もちろん歴史は紆余曲折あるものであり，現実に起きた物事の連鎖には論理的な説明が難しいものも多い。しかしそれでもなお，関連する出来事を紡いでいくなかで，時代の思想的流れが浮かび上がってくることもあるだろう。史的な誤謬や筆者の誤解については読者諸賢の叱正を仰ぐことにして，筆にまかせて書き進めることにする。電磁気の話は，古くは古代ギリシャの琥珀による電気譚からあるが，あまりさかのぼっても詮ないので，やはりファラデーあたりから始めることにしよう。

ファラデー以前

ファラデー（M. Faraday）は1791年に，ロンドンの貧しい家庭に生まれた。この年は，ちょうどガルヴァーニ（L. Galvani）がボローニャで動物電気に関する論考を著した年であり，これを契機として電気の発生機構の研究が進み，1799年のボルタ（A. Volta）の電池の発明につながった。そしてこのボルタ電池（その多層構造から電堆とよばれた）の発明は，基礎科学と応用の両面で大きな革命の推進力となったのである。その結果，安定した電流を長時間，供給できるようになり，化合物の電気分解が可能になった。早くも翌1800年にカーライル（A. Carlisle）らによって水の電気分解がなされたのは，その象徴的な出来事である。またより直接的には，電気やそれにともなう磁気の現象の基礎研究の扉が，これをきっかけに一気に開かれることになった。ロンドンの王立研究所でファラデーを助手として採用したデイヴィー(H. Davy)は，電気分解によってカリウム，ナトリウム，マグネシウムなど6種類の元素を発見し，史上最多の元素発見者となった。

電池の発明は，生活上のエネルギー源の発見という意味で，人類社会に非常に大きな影響を及ぼす。このことは，近年のリチウムイオン電池の登場を思い起こせばよく理解できる。現代生活に欠かせない道具になっている携帯電話やノートパソコンは，それまでの蓄電池を一気に小型化したリチウムイオン電池なしには存在しない。今後，世界的に急速な普及が見込まれている電気自動車も，この電池を組み込むことで現実のものになる。同様のことが18世紀末のボルタの電池の発明によって起きたのであり，それは，19世紀が電気というエネルギー源のうえに立つ社会の幕開けになることを告げるものであった。

さてこの18世紀末における電磁気現象の理解とは，どのようなものであったのだろうか。高校理科で習う電磁気で最初に扱われるのは2個の荷電粒子のあいだのクーロンの法則であるが，クーロン(C.-A. de Coulomb)がこれを発表したのは1773年のことであった[*1]。これは電荷間に働く力は互いの距離rの2乗に反比例し，両者の電荷q_1, q_2の符号により引力または斥力となるとするもので，粒子1にかかる力は

$$\boldsymbol{F} = k\frac{q_1 q_2}{r^2}\frac{\boldsymbol{r}}{r} \tag{1.1}$$

で与えられる。ここで$\boldsymbol{r} = \boldsymbol{r}_1 - \boldsymbol{r}_2$はおのおのの粒子の位置を$\boldsymbol{r}_1, \boldsymbol{r}_2$としたときの相対位置ベクトル，$r = |\boldsymbol{r}|$は互いの距離，そして$k$は比例定数である。上のクーロンの法則は符号を除けば，質量m_1, m_2の質点にかかるニュートン(I. Newton)の万有引力の式

$$\boldsymbol{F}_{\mathrm{G}} = -G\frac{m_1 m_2}{r^2}\frac{\boldsymbol{r}}{r} \tag{1.2}$$

とまったく同じかたちをしている(Gは万有引力定数)。この誰の目にも明らかな電気と重力の類似性は，当時，赫々(かっかく)たる権威のあったニュートンの自然

＊1　クーロンの法則はクーロン以前に複数の学者が発見していた。くわしくは文献1を参照。

哲学思想の正しさのさらなる証拠とみられた。それは絶対的な空間のなかで2個の粒子が距離を隔てて瞬間的に直接作用し合う**遠隔作用**の描像であり，それゆえ作用の方向は互いの方向を向く**中心力**であり，また空間の等方性により，作用が距離の2乗に反比例することになるという解釈である。クーロン自身もこのニュートン思想の信奉者のひとりであった。また電気力と同様に，磁気現象についても磁石の異種の極どうしは引き合い，同種の極どうしはしりぞけ合い，さらにおのおのの力は距離の2乗に反比例するということを，(じつは電気力よりも早く) ミッチェル (J. Michell) が見つけていた。

このようなニュートン的思想に対峙(たいじ)したのは，ニュートンの同時代人ライプニッツ (G. W. Leibniz) である。ライプニッツは自然界の連続性を重視し，真空中の剛体としての粒子の存在を不連続的だとしてしりぞけた。彼は物体は剛体的ではなく空間全体に拡(ひろ)がっているもので，空間にはそれらの衝突を避けるための力が満ちていると考えた。それはニュートンの遠隔作用とは対照的に，力の伝達は空間に満ちた媒体を通して行われるという**近接作用**の考えとなり，のちにベルヌーイ (Bernoulli) 兄弟やオイラー (L. Euler) に引き継がれた。一方，ボスコヴィッチ (R. J. Bošković) は遠隔作用の立場に立ちながらも，粒子間には距離に依存して変化する力が存在し，遠方では逆2乗則に，近傍では強い斥力になって粒子どうしの衝突を避けるという，現代の位置ポテンシャルの先鞭(せんべん)となる考え方を提示し，ファラデーに少なからぬ影響を与えた。じつのところ，これは近接作用の立場のほうが，より自然に理解できる描像であり，ニュートンとライプニッツの折衷案ともいえるものであった[*2]。

時を同じくして18世紀には，光に関しても論争が起きた。それはニュートン由来の粒子説とヤング (T. Young) やフレネル (A. J. Fresnel) らの波動説との対立であり，後者は光の偏光という現象が横波としての波動像で説明できる長所があったが，その反面，波動を支える伝達媒体「エーテル」を必要とした。エーテルは光の伝達する宇宙全体に満ちていなければならないが，同時に物質の運動にはほとんど影響を与えないものでなければならず，これら両者を満足するような説得力あるモデルをつくることは容易ではなかった。大づかみにいえば，当時の科学界の大勢は電気力を含めた力の遠隔性と

---

*2 ボスコヴィッチは科学者である傍らイエズス会の僧侶であり，詩人でもあった。彼は英国外におけるニュートンの万有引力の法則の最初の支持者として知られ，原子論的な考えに基づいて，ラプラス (P.-S. Laplace) よりも早く決定論の意味を具現化する「ラプラスの悪魔」の概念を提出していた。

光の粒子性といったニュートン的自然観に立つものであり，これに反する立場も存在したものの，ニュートンの絶対的権威をゆるがすものにはなっていなかった。

19世紀になって，上述のように電池の発明によって電流を用いたさまざまな実験が行われるようになると，この状況が変わり始める。その大きな発端は，1820年のエルステッド[*3](H. C. Ørsted)の電流による磁気力の発生の発見である。この発見の意義は，大きく2つある。1つは，それまで独立なものと考えられていた電気と磁気のあいだに，何らかの関係が存在するという事実であり，もう1つは，電線の直上または直下に置いた小磁石が電流の向きとは直角に振れること，すなわち磁石に作用している電流の力が，ニュートンの重力やクーロンの電気力のように中心力ではないという事実である。

エルステッドの発見は衝撃的なものだったことから，それが報じられるや否や，各地でその追試を含めた検証実験が行われた。そのなかでもっともよく知られるのはアンペール(A.-M. Ampère)であり，エルステッドの実験を再現するとともに，同じ年にこれを2本の電流間の力として法則化した。彼はさらにビオ(J.-B. Biot)とサヴァール(F. Savart)の仕事に基づいて，この法則を電流要素間の中心力として数学的に整理し，電流要素を質量に対応させることで，あくまでニュートン的な立場から理解しようと努めた。また磁気を電流起源の副次的なものとみなし，「電気力学」の名のもとに，電気による電磁気現象の統一的な記述を唱えたのである。

電磁誘導と磁力線

ファラデーは1813年にデイヴィーの助手となり，電気分解による塩素の発見，気体の液化，種々の光学用ガラスの製作などを行っており，1820年には塩素と炭素の化合物の生成にも成功している。エルステッドの発見が報じられると，早速，デイヴィーとウォラストン(W. H. Wollaston，このとき英国王立協会会長だった)はその現象を使って電動モーターを作ろうとしたが成功しなかった。これを受けて，翌年，ファラデーが製作したのがワイヤーと水銀を用いた電磁式回転装置であり，これが現在に至るモーターの濫觴(らんしょう)となった。

ところが，ファラデーの関心はこのような工学的応用を見届けることには

*3　故国デンマークでの発音はエルステズに近いが，ここでは英語の慣用読みに従う。

なく，むしろエルステッドの実験の意味のさらなる追究にあった。エルステッドの実験内容をくわしく吟味し，さまざまな角度から実験をくり返すうちに，電流のつくる磁力の方向が電流をとり巻く同心円状になっている状況が，彼の目にはいかにも電線から磁力の源が表出し，それが磁石に直接，力を及ぼしているかにみえた。いい換えれば，アンペールの遠隔力による解釈は不自然であり，ボスコヴィッチを参照しつつ，これを近接力として理解すべきであるという，ライプニッツ的な思想に近づいていったのである。

ファラデーの努力は，1831年になって**電磁誘導**の現象の発見により結実する。これは，コイルなどの閉じた回路に磁石が近づいたり遠ざかったりするさいや，磁石の強度を変化させたさいに回路に電流が発生する現象で，回路を貫く磁束Φ(磁場を回路のつくる面上で面積分したもの)の時間変化が起電力$\mathcal{E}$を与えるかたち

$$\mathcal{E}=-\frac{\mathrm{d}\Phi}{\mathrm{d}t} \tag{1.3}$$

によって表される。じつのところ，この表式はのちにノイマン(F. E. Neumann)が与えたものであり，電磁誘導発見時には「磁場」も「磁束」もまだ概念として確立していなかったから，ファラデー自身は別の表現を用いた。それは**磁力線**(lines of magnetic force)によるものであり，磁力線が回路の導線をよぎる(横断する)ときに起電力が発生し，その符号は磁力線の横断方向によって決まるとしたのである〈**図1**〉。

磁力線の概念そのものは，磁石のまわりに鉄粉をまくことで磁力の様子が見やすくなることからファラデー以前からあったが，これを電磁誘導の現象の説明に使おうとしたのは，ファラデーの卓抜な着想であった。彼は電磁誘導における磁力線の役割について考察し，起電力$\mathcal{E}$と次の比例関係

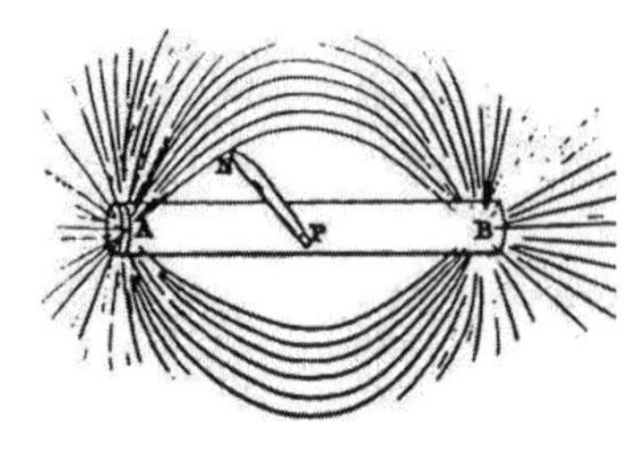

図1　ファラデー自身による磁力線と，それを切る(横断する)ナイフの両端PN間に生じる起電力の図[2)]

$$\mathcal{E}\propto \text{単位時間に回路がよぎる磁力線の数} \tag{1.4}$$

が成立するとしたのである[3)]。

磁力線の描像は直観的ではあるが，さてこれを数学的に厳密に定義しようとすると，磁力線の数とは何か，それらの位置はどこかなどの問題に逢着(ほうちゃく)する。ファラデー自身もこの曖昧さを憾(うら)みとして，その後も

折にふれて磁力線を明確に定義しようとしたが，成功したとはいいがたい。というより，それは不可能なことであった[4)]。このことは，ファラデーが引き続き1832年に行った**単極誘導**（unipolar induction）の実験からもうかがうことができる。

単極誘導の実験とは，次のようなものである〈**図2**〉。まず棒状の磁石を用意し，その上に導体の円盤を置く。棒磁石と円盤は同じ軸を中心として個別に回転できるようにする。円盤の周囲の縁にはスライド式の導線が接触し，検流器を挟んでもう一方の端は円盤の中心軸に接触している。ここで

(a) 円盤のみを回転させたとき

(b) 円盤と棒磁石を同期させて回転させたとき

(c) 棒磁石のみを回転させたとき

の3通りの場合に，導線の回路に誘導起電力が生じるかどうかを調べる。

興味深いことに，実験結果は(a)，(b)の場合には起電力が発生し，(c)の場合は発生しない。すなわち，棒磁石の回転は物理的に重要ではなく，起電力は円盤の回転の有無のみで決まるのである。さてここで問題は，おのおのの場合の磁力線の様子であるが，ファラデーは磁力線は棒磁石の運動と無関係に（空間に）固定されていると考え，それゆえ円盤の回転のみにより起電力の発生が決まるとした。これはたしかに彼の法則(1.4)に基づいて3通りの実験結果のすべてを説明する。ところが，もし仮に棒磁石と一緒に磁力線が運動（回転）するとしても，同様に実験結果を説明することができるのである。なぜなら，(b)の場合は上側の導線に起電力が発生し，(c)の場合は導線と円盤に発生する起電力が相殺すると考えられるから。もしこの両方の説明が等しく実験結果を説明できるならば，回路（導線）をよぎる磁力線と

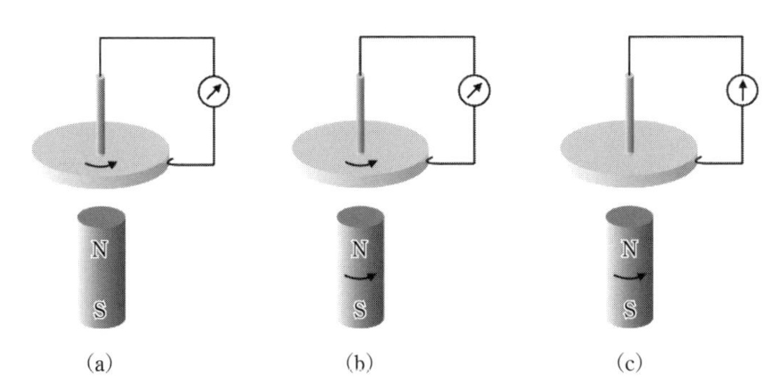

図2　単極誘導の３通りの実験。(a) 円盤のみ回転，(b) 円盤と棒磁石を同期させて回転，(c) 棒磁石のみ回転

いうファラデーの描像に疑問が生じる。少なくともどちらが正しいか，起電力はいったいどの部分で発生しているのかについて，実証的に調べてみる必要がありそうである。実際，この単極誘導の問題は，ファラデーの実験以来，2世紀近くたった現在でも，盛んに議論がなされているのである[5)]。

このように，ファラデーの磁力線の概念は直観的だが曖昧な点が多く，またファラデー自身，正規の学校教育を受けていないために数理的な表現を苦手としていたこともあり，彼の磁力線の描像が，当時の物理研究者のあいだで広く受容されることはなかった。ちなみにファラデーの論文は，実験の経過と結論に至る実験家の考えを丁寧に記したものであるが，そこにはほとんど数式が使われていない。これは数学的表現を通して論理的，客観的な考察を行おうとする近代科学の思想からみれば異端であり，その結果，彼の報告内容は魅力的だが扱いづらいものとして敬遠されることになった。たとえばポアソン（S. D. Poisson）は磁力線の概念を無視し，またノイマンも電磁誘導を定式化（1.3）するさいにそれを採用しなかった。ファラデーの磁力線の意味の解明には，のちのマクスウェル（J. C. Maxwell）による解読作業を待たねばならなかったのである。

それにもかかわらず，ファラデーの磁力線の描像が有用であることは否定できない。このことは，たとえば上の単極誘導の場合の起電力の発生が，磁力線に基づいて説明可能であるのに対し，磁束の時間変化によるノイマンの式（1.3）では（そのままのかたちでは）不可能であることからも理解される。というのは，もし単極誘導の実験の電流回路が，円盤の中心から円周に接触した導線までの円盤上の半径部分を含む導線の1周だとすれば，磁場はこの回路には（並行に）固定されているから，回路を貫く磁束はつねに一定（ゼロ）ということになり，その時間変化もゼロだからである。ファインマン（R. P. Feynman）は自身の教科書[6)]で，式（1.3）の電磁誘導の「磁束ルール」には例外があるとして読者の注意を喚起しているが，その一例がこの単極誘導の場合なのである。

しかしおそらく有用性よりも重要だったのは，ファラデーの磁力線の着想が，それまで支配的だった遠隔力としての相互作用を含むニュートン的自然観から脱する第一歩を与えたことであろう。その理由は，〈**図1**〉からも明らかなように，それが磁石本体からしみ出た磁力線を通して，磁石の作用が直接導線に働きかけるという，近接作用の考えに基づいていることであり，これはとくに電磁誘導現象において自然な描像となる。つまり，電荷をもつ物体とは別に，磁力線という目にみえないものにも物理的な実在性を与え，それらの間の局所的な相互作用の考えを打ち出したのである。ファラデーの目には，磁力線が実在の姿をもって立ち現れたのであり，それは遠隔作用の場合に現れるまっすぐな力線とは異なり，相互作用をつかさどりつつ曲がりくねっており，あたかも弾力ある流体の管のようにふるまうものであった。

このような物理的描像は，力の空間内の伝達には有限の時間がかかることを示唆する。前にも述べたように，当時は光の伝達媒体としてのエーテルの存在が信じられ，それが伝える波動の伝達時間が光の速度——ブラッドリー（J. Bradley）が恒星の光行差に基づいて光速を約30万km/sと求めていた——であると考えられていた。電磁気現象についても，これを伝える固有のエーテルが存在するとされたが，ファラデー〈**図3**〉はこのようなエーテルという媒体の助けなしに，直接，磁力線（やそれと同様に電気現象に想定される電気力線）が，空間内を有限の速度で伝播し，力の媒介を行う描像を心に描いていた。

図3　1861年頃のファラデー

このことは，ファラデーが単極誘導を含めた一連の電磁誘導の実験を行ったのちの1832年春に，彼が王立協会に預けた封印文書から知ることができる。1938年になって初めて開封されたその文書には，磁気作用や電磁誘導の伝播には有限の時間がかかることや，その伝播は水面の振動のような横波であることが示唆されていた。これを書き遺したのは，彼の電磁誘導の発見が将来，エーテルの振動として受けとられないための保険という解釈もあるが[7)]，これを封印したのは，エーテルを前提としない伝播の考えを公表するには時期尚早だと判断したためと思われる。しかしながら，1846年になるとファラデーは自分の考えをより明確に述べる機会をもつことになる。

電磁気と光，そして「場」

1820年からの10年あまりのあいだに，エルステッド，アンペール，そしてファラデーらによって続々と明らかにされた電流と磁力の相互関係により，それまで独立なものだと考えられてきた電気と磁気は密接にからみ合っており，それらを1種類の力の別々の側面だとみる電磁気の統一的理解の考えが強くなっていった。磁気や電気の力は，それぞれの力線の変化によって伝播され，その速度は有限であるから，つぎに考えられるのは，同じく速度が有限な光との関係である。この電磁気と光との関係は当時の物理学者の多くが想定していたが，問題はこれをどのように実証するかであった。

1845年に，のちにケルヴィン卿となるトムソン（W. Thomson, Lord Kelvin）からファラデーは手紙を受けとる。磁力線の描像の数少ない支持者のひとりであったトムソンは，この手紙のなかで磁力線の数学的扱いにふれた後，電場中の誘電体が光の偏光状態に影響を与える可能性を示唆した。これに触発されて，ファラデーは電磁場と光の関係性を実証する実験を本格的に開始し，試行錯誤の末，翌年の1846年に，磁場中に置かれた（鉛を含む）重いガラスを透過した光の偏光方向が回転することを発見した。この**ファラデー効果**の発見は，おそらくファラデーに14年前の封印文書に記した自分の考えの正しさを確信させたであろう。それを物語るように，翌年春の王立研究所恒例の金曜講演のさい[*4]に，あたかも満を持したように，封印した内容よりもはるかに明確なかたちで，力線や電磁気と光の統一に関する彼自身の考えを開陳している。ファラデーの講演の本題はホイートストーン（C. Wheatstone）による導線中の電流速度の測定（その結果は当時，知られていた光速に近かった）に関するものであったが，この開陳は講演の最後に付け足りのかたちで行われた。そしてそのさらなる補足を友人から要請され，これに答える手紙の体裁で執筆されたのが，「光線の振動に関する考察」と題した述懐の文章である[8]。

ファラデーは，この述懐は実験的検証に基づくものでなく，たんに自分の憶測にすぎないとしつつ，驚くべきことを述べている。まず，彼は自然界の基本粒子たる原子の本質は，ほかに力を及ぼすことではなく，それ自身が力によって構成されているとする。この力は力線により表現されるものであるから，これはいわば「力線一元論」とでもいうべき立場の表明である。そしてこの力線こそが放射現象の振動を伝える実体であり，エーテルは必要としない。ファラデーの力線は，今日使われる「場」とまったく同じものとはい

---

*4 王立研究所の「伝説」では，この講演は当初，ホイートストーン本人が行う予定であったが，直前になって怖気づいたホイートストーンが逃亡し，やむなくファラデーが代理で講演したとされ，したがって付け足りの開陳部分はファラデーの即席の話であり，意を尽くすものではなかったとされている。しかしながら，代理講演についてはファラデー自身も示唆しているものの[8]，王立研究所の史料からはそのような事実は確認できないようである[9]。

えないが，力を媒介するという意味では類似のものである。粒子は全空間に拡がるものであり，それには本来，大きさというものがなく，たんに力の中心点にすぎないという考えは，先にふれたボスコヴィッチの考えであり，ファラデーもそのように書いている。そしてこれは，現代のトポロジカルな配位による場の安定状態としての粒子描像とも似ている。

さらに彼は，力線とは光や電磁力だけでなく熱や化学反応をも伝達するものであり，その伝達には有限な時間を要するものとした。重力については，当時，伝達時間に関する実験結果がなかったために，述懐のなかであえて言及することはしていないが，ファラデーが重力を含めた種々の力の統一をめざしていたことは，晩年の彼の著作からも明らかである。ファラデーにとって力線の代表的なものは，電磁誘導発見の1831年から彼が使い始めた磁力線であったが，この述懐の時代になると，これに加えて電気力線や磁場といった言葉も使うようになり，その延長線上には電場や重力場も念頭にあったものと思われる。ここで念のために書き添えると，「場」そのものの概念はファラデーの発明によるものでなく，少なくとも18世紀後半から「力の働く場所」といった意味で，英国ではatmosophere，ドイツではWirkungskreisという用語で考えられていた[7)]。ファラデーは，これに力線という生々しい実体像を付与することで，現代につながる「場」として認識した最初の人となったのである。

彼の提示した「場」と，彼の排除しようとした「エーテル」の概念は，19世紀後半にマクスウェルによって磨き上げられ，多くの物理学者の議論の対象となっていく。次回はその状況について話を進めることにしよう。

第2話

ファラデーからマクスウェルへの道

マクスウェルの登場

英国ロンドンの貧しい鍛冶職人の息子として生まれ，ほとんど学校にも通わず，製本屋の見習いから自助努力によって身を起こしたファラデーが，数多くの業績のなかでもハイライトというべき電磁誘導の現象を発見したのが1831年。そのちょうど記念すべき年に生まれたのが，のちに電磁気学のうえでファラデーの仕事を引き継ぐことになるマクスウェルである〈**図1**〉。ファラデーとは対照的に，マクスウェルはスコットランドのエディンバラで大地主の息子として生まれ，幼い頃から工作や幾何に優れた才能を示し，苦労らしきこともせず地元のエディンバラ大学に入り，その後，ケンブリッジ大学で学んだ。エディンバラでは幾何光学の仕事で頭角をあらわし，ケンブリッジに移ってからは多くの優秀な仲間と交わったが，とりわけ当時，(ニュートンがかつてその職を占めた)ルーカス教授職にあったストークス(G. G. Stokes)の数理物理学の講義に興味を示した。

しかし何といってもマクスウェルに最大の影響を与えたのは，のちにケルヴィン卿となるトムソンである(トムソンが叙爵してケルヴィン卿になるのは1892年だが，別人のトムソンとの混同を避けるため，以下ケルヴィンと称することにする)。彼はマクスウェルよりも7歳年長で，マクスウェル家旧来の知人であった。ケルヴィンは非常な俊才として世に知られ，すでに20代前半の若さでグラスゴー大学の教授職にあったから，自然にマクスウェルは彼を尊敬するようになり，折々に彼の助言を求めた。そしてマクスウェルが，魅力的ながらも科学の俎上(そじょう)に上げるのが難しくみえたファラデーの力線に理論的な裏づけを与える仕事に着手したのは，ケルヴィンからの示唆によるものであった。

図1　ケンブリッジ時代のマクスウェル

マクスウェルはケンブリッジ大学卒業のすぐ後にこの困難な課題にとり組み，最初に発表したのが「ファラデーの力線について」と題する1855年から翌年にかけての仕事である。しかしこれは不十分なものであったから，引き続き，電磁気現象の全容をつかむためのさまざまな思索上の格闘を行い，およそ6年後に続編

「物理的力線について」を発表する。さらに1864年には「電磁場の動力学的理論」を書き上げ，後年，これら3部作を主著『電気磁気論考』(1873年)のなかにまとめている。ファラデーの電磁誘導現象の発表年がマクスウェルの生誕の年であるから，結局のところ，ファラデーが力線の構想を表明して以来，マクスウェルがその理論武装に着手するのに四半世紀近くかかったことになる。それではこの間の電磁気学をとり巻く環境は，どのようなものであったのだろうか。じつのところ，マクスウェルの仕事の準備となるような学問的な蓄積が行われていたのであるが，それを述べるにはまず，ミステリアスな科学者グリーン(G. Green)の知られざる事蹟にふれないわけにはいかない。

対照的な2人：ファラデーとグリーン

前回に述べたように，ファラデーは電磁気現象の分析や表現に用いられた数式を，おそらくほとんど理解できなかった[*1]ために，彼の論文は行った実験と彼の考察を綴(つづ)った報告書のかたちとなっていた。電磁誘導の現象を契機として，彼自身の力線の物理的重要性への認識はいっそう深いものとなったが，これを数式で表現することができなかったことから，ほかの研究者からその重要性を認められずにいた。その状況を打開するため，ファラデーは何度か彼の力線の意義を解説するための論文を書いているが，必ずしも成功したとはいいがたい。

ファラデーの場合，貧しい家庭の出自でまともな教育を受けられなかったことが，その数理表現能力の欠如の理由として挙げられるが，しかし出自ですべてが決まるとは限らないことが，次のグリーンの例からわかる。グリーンはファラデーよりも2年後の1793年の生まれだから，2人は同世代といってよい。彼はパン職人の息子としてノッティンガムの田舎町で生まれ，父親が建てた風車小屋で粉挽(ひ)き職人として暮らした。そしてファラデーと同様，ほとんど教育らしき教育を受けることがなく，学校に通ったのは8歳頃のごく短期間のみであった。

ところがそのグリーンは，1828年，彼が34歳になった年に『電気及び磁気に対する数学的解析の応用に関する試論』という題目の著書を自費出版す

---

*1　ということは，ファラデーが自分の研究成果を数式で表現することができなかっただけでなく，ほかの研究者の成果も論文の数式を追って理解することは困難であったことを意味する。それにもかかわらず，彼が電磁気や化学反応そのほかの研究で大きな成果を挙げることができたのは，彼の数式に頼らずに物事の根幹を理解するたぐいまれな直感力によるものだろう。

図2　グリーンの風車小屋。この階上のどこかの部屋で，グリーンが孤独な研究に励んでいたらしい（出典：© Kev747）

る。この出版がどのような動機で行われたのかはわからないが，町の紳士クラブの有志51名が購読者として寄附金を出した記録が残っている。どうやらグリーンは風車小屋での労働の合間に，独り数理物理の研究に勤(いそ)しんだようである〈**図2**〉が，当然ながら，彼の『試論』は理解者を見つけることができずに，長いあいだ地下に埋もれることになる。

さてこの『試論』に目を通すと，冒頭にアマチュア科学者にすぎない自分がこのような論考を発表することへの畏れが述べられており，それは必ずしも謙遜からのものではなく，彼の本心を吐露している言葉であるようにみえる。実際，遺された手紙などから判断して，グリーンは非常に控えめな性格であったらしい。しかしその論考は，現在にまで影響を及ぼす2つの重要な内容を含んでいた。

その1つは，現在，3次元ではガウスの発散定理，2次元ではストークスの定理として知られる次元の異なる積分間の変換定理である。そしてもう1つは，この定理を用いて，与えられた電荷分布と，そのもとで生成される電気的な力を表現するための関数――グリーンはこの『試論』において**ポテンシャル関数**と命名した――との関係を与える公式である。グリーン自身は，後者をポテンシャルから電荷分布を求める逆問題として考察したが，現在では，ポテンシャルの従うポアソン方程式（より一般的には線形偏微分方程式）の解を，適当な境界条件のもとで，**グリーン関数**とよばれるものを用いて求める便利な公式として，さまざまな分野で用いられている。

ここでその技術的な詳細を論じることはしないが，現代的な観点からこれを簡単に説明するとすれば，たとえばポアソン方程式[*2]

$$\nabla^2\phi(\boldsymbol{x}) = -\rho(\boldsymbol{x}) \tag{2.1}$$

において，与えられた電荷分布$\rho(\boldsymbol{x})$のもとで無限遠$|\boldsymbol{x}|\to\infty$での境界条件$|\phi(\boldsymbol{x})|\to 0$を満たすポテンシャル$\phi(\boldsymbol{x})$を求めることを考えよう。このため

には，まず2変数の関数$G(\boldsymbol{x}, \boldsymbol{x}')$で同じ境界条件を満たし，

$$\nabla^2 G(\boldsymbol{x}, \boldsymbol{x}') = -\delta(\boldsymbol{x} - \boldsymbol{x}') \tag{2.2}$$

となるものを探す。ただしここで$\delta(\boldsymbol{x} - \boldsymbol{x}')$はディラック（P. Dirac）のデルタ関数[*3]である。もしこれが見つかると，求めたいポテンシャルは一気に積分形で

$$\phi(\boldsymbol{x}) = \int G(\boldsymbol{x}, \boldsymbol{x}')\rho(\boldsymbol{x}')\mathrm{d}V' \tag{2.3}$$

と与えられる（$\mathrm{d}V' = \mathrm{d}x'\ \mathrm{d}y'\ \mathrm{d}t'$は体積積分要素）。つまり，与えられた電荷分布$\rho(\boldsymbol{x})$が何であれ，電荷の影響は空間内の個々の点$\boldsymbol{x}'$からの寄与の重ね合わせ（積分）として表現できるというすこぶる便利な公式であり，グリーン関数$G(\boldsymbol{x}, \boldsymbol{x}')$はそのための打ち出の小槌（こづち）というわけである。ポアソン方程式の場合のグリーン関数は容易に求めることができて，3次元空間では

$$G(\boldsymbol{x}, \boldsymbol{x}') = \frac{1}{4\pi|\boldsymbol{x} - \boldsymbol{x}'|} \tag{2.4}$$

で与えられる。このグリーン関数は，電荷が地点$\boldsymbol{x}'$にあるときに，別の地点$\boldsymbol{x}$につくるポテンシャルにほかならないが，これは，先に述べた積分公式の解釈を裏づけるものである。

さて，グリーンの埋もれたこの業績は，知人からたまたま『試論』を入手したケルヴィンにより1845年になって発掘されたが，残念ながら，このときグリーンの死後すでに4年が経過していた。ケルヴィンの発掘以後の話は次回に回すが，グリーンの生涯はミステリーに満ちていて興味が尽きない。じつのところ，グリーンの論考の内容は当時まだ英国に紹介されていなかったはずの欧州大陸の解析学に基づいていたが，彼はいったいどこからその知

＊2　ここで∇^2はラプラス演算子

$$\nabla^2 = \nabla \cdot \nabla = \frac{\partial^2}{\partial x^2} + \frac{\partial^2}{\partial y^2} + \frac{\partial^2}{\partial z^2}$$

であり，簡単のため右辺の係数を-1とした。

＊3　“穏やかな”任意関数$f(\boldsymbol{x}')$に対して，

$$\int f(\boldsymbol{x}')\,\delta(\boldsymbol{x} - \boldsymbol{x}')\,\mathrm{d}\boldsymbol{x}' = f(\boldsymbol{x})$$

を満たす超関数（distribution）のこと。

識を得たのだろうか。彼が研究情報を交換するような知的な仲間は，ノッティンガムにはいなかったはずである。それどころか，そもそも彼の肖像画さえ見つかっておらず，その人となりはなぞに包まれている。ここに述べた数少ない事柄は，近年になってようやく篤志家が発掘した事実であるが，その報告は英文ながら平易に書かれているので，興味のある読者はぜひ，その文献[10]を参照されたい。

グリーンは『試論』刊行ののち，町の紳士クラブの有志に推挙されて，40歳で一念発起してケンブリッジ大学に入り，数本の論文を書いた。しかしその内気な性格が，彼を学界のなかで重きをなすことを妨げた面もあったのであろう。彼は自分の評価が高まる前の1841年に病を得て故郷に帰り，そのまま世を去る。公的には独身であったが，故郷の家には内縁の妻と7人の子がいたという。

一方，彼と同様に労働者の息子として生まれたファラデーは，持ち前の勤勉さと機会を逃さぬ機敏な行動力，そして『ろうそくの科学』などの王立研究所での講演録にみられるたぐいまれなコミュニケーション能力で，研究者としての地位を駆け登った。ファラデーの手紙やノートの記述から読みとれるのは，力線の提案や重力への一般化にみられるように，時代を越えた大胆さをもちながらも，それを発表するさいの慎重な態度や婉曲な表現であって，確定した内容の直接的な表現を好むグリーンとは質の違いを感じる。また，ファラデーは同輩や後輩の就職への斡旋を（おそらく公平性の観点から）しないことにしていたらしく，ティンダル（J. Tyndall）やマクスウェルは，彼に推薦書を頼んできっぱりと断られている[11]。グリーンがもし長生きして枢要（すうよう）な地位についていたならば，同じ要請にどのように対応しただろうか。ファラデーは晩年，女王から貸与されたロンドン郊外の邸（やしき）に隠棲し，静かな余生を送った。彼は妻帯したが，子供には恵まれなかった。

ケルヴィン：時代の鍵を握る男

19世紀中盤から後半にかけての，物理学全般におけるケルヴィン〈**図3**〉のキーパーソンぶりは突出している。彼はスコットランドのグラスゴー大学を本拠地にしつつ，ケンブリッジやロンドンの学者たちとつねに情報交換したが，さらに大陸まで足を延ばしてフランスやドイツの当時最高の学者らとも交流し，彼らとの討議を通して学問の成果や方法論を吸収した。そしてその過程で，自国の成果を大陸に宣伝する努力も怠らなかった。グリーンの業績の紹介[*4]はその一例である。

図3 若きトムソン（ケルヴィン）

グリーンの仕事にケルヴィンが注目したのは，それが彼が以前から考えていたものであったこと，すなわちグリーンが自分と同じ問題意識をもち，それに見事な解決策を与えていたことに感銘を受けたからである。このようなことから，グリーンの積分間の変換定理を旧知のストークスに伝えたところ，あに図らんや，ストークスはケンブリッジ大学のスミス賞の試験問題にこれを出題した。この年の受験者のなかにマクスウェルがいて，当然のごとく（もう1人と共同で）受賞しているが，このときに得た知識こそが，彼の電磁気学をつくり上げるにあたり，不可欠の要素となるのである。ちなみに，これをストークスが出題したのが，定理に彼の名がつくことになった理由らしい。

ケルヴィンは熱力学の第2法則を定式化した1人として知られるが，自らもグリーンの技法を援用して，熱伝導の問題にとり組んだ。そのなかで，熱の流れの物理的状況が静電気の状況に似ていることに気づく。つまり，温度の勾配が静電ポテンシャルの勾配に対応し，熱源が電荷分布に対応するというものであるが，その背後には，もし熱と静電気力とのあいだに類似性があるとすれば，熱が媒体を通して伝播する以上，静電気力もそうではないのかという予想があった。これは，はたして静電気力はアンペールをはじめ多くの研究者が考えていたような遠隔作用か，それともファラデーの主張するような近接作用かという問題につながる。

ここで当時，大陸で有力だったウェーバー（W. Weber）の電気力学の基本式を記しておこう。電磁気学の最大の理論的課題は，電荷間の力，電流間の力，そして電磁誘導のすべてを統一的に記述する公式をどう書き下すかであったが，ウェーバーが掲げたのは

＊4　このときケルヴィンはまだ21歳。その翌年，教授としてグラスゴー大学に赴任し，引退まで半世紀以上その地位にとどまった。

$$\boldsymbol{F}=k\frac{q_1 q_2}{r^2}\frac{\boldsymbol{r}}{r}\left(1-\frac{1}{2c^2}\left(\frac{\mathrm{d}r}{\mathrm{d}t}\right)^2+\frac{r}{c^2}\left(\frac{\mathrm{d}^2 r}{\mathrm{d}t^2}\right)\right) \tag{2.5}$$

という式であった（ここでcはのちに光速と同定される定数）。右辺の括弧内の第1項はクーロンの法則(1.1)，第2項はアンペールの法則，第3項はファラデーの電磁誘導の法則に対応する。ウェーバーの公式(2.5)の特徴は，電荷の運動の様子（速度と加速度）に力が依存することだが，2つの電荷のあいだの中心力のかたちをしているから，ニュートンの作用反作用の法則が成立し，したがってその力はクーロン力と同じく遠隔力だとみなすことができる。ケルヴィンは近接作用に基づいてこの公式に代わる式ができないかと考えたが，熱伝導との類推では成功しなかった。そこで彼は，ケンブリッジの後輩で数学に優れた旧知のマクスウェルに，この問題解決のお鉢を回すことにしたのである。

ウェーバーの公式(2.5)は，電磁気現象の基本単位が電荷にあるという立場で書かれており，ファラデーの力線や，ケルヴィンやマクスウェルが想定していたエーテルといった直接的には実証することが困難な描像を用いるものではなかった。しかしその一方で，当時，ようやく確固たる地位を築きつつあった**エネルギー保存**が，ウェーバーの公式では保証されないという難点があった。のちに述べるマクスウェルの立場は，電荷が受ける相互作用の反作用は「場」が担うという立場であり，それゆえエネルギー保存は局所的に満たされることになる。

物理学の基本原理としてのエネルギー保存の概念は古くからあったが，19世紀中盤になって，熱力学の観点から，多くの学者がこれをとり上げるようになった。そのなかで，その重要性を広く周知させるうえでの最大の功労者はヘルムホルツ(H. Helmholtz)であった。彼は生理学者として出発したが，種々の生理的なエネルギーの保存の問題から物理学に転じた変わり種で，哲学にもくわしく，また音響学などさまざまな分野で顕著な仕事をした。この生理学的な観点から到達したのが彼のエネルギー保存の概念の特徴であり，その考察は1847年，論考『力の保存に就て』として発表された（ここでの“力”はエネルギーのこと）。この著書は哲学的な傾向が強いとみられたためか，大陸の科学界では冷たくあしらわれたが，英国では温かく受け容(い)れられ，その後のエネルギー保存の考え方の世界的な認知につながった。そしてその背後には，やはりケルヴィンの推挙があった。ランキン(W. Rankine)とケルヴィンがエネルギーの概念を整理し，ポテンシャルエネルギーと力学的エネルギーという用語を導入してこれを分類したのは，1850年代になってからのことである。ケルヴィンとヘルムホルツは年齢も近く，またそれぞれの故国での影響力の大きさにも共通したものがあり，1855年に初めて会ってからは終生の友となったという。

さてここでグリーンの導入したポテンシャル関数に話をもどそう。ポテンシャルの概念そのものは，グリーン以前から大陸では微分方程式を解くさいに用いられていたが，グリーンの場合はそれがたんなるポテンシャル(エネルギー)ではなく，位置の関数$\phi(\boldsymbol{x})$として強く意識されていることが重要である。すなわち，その力がほかの電荷から及ぼされたとしても，その電荷がどこにあるかを知る必要はなく，ただ力を受ける物体の位置$\boldsymbol{x}$だけで力が決まるのである。それはあたかも物体が，自分の居場所にある何ものかから局所的に力を受けていることを示唆する。またグリーンの積分変換の定理も類似の意味で重要である。というのは，この定理を用いて，積分表式による大域的等式から積分によらない局所的等式を得ることができるが，それは電磁気相互作用を局所的なものとして解釈するのに必須の要件であるからである。マクスウェルは3部作の論文を書くにあたり，これらの要素を重要な足がかりにして，ファラデーの想定した局所相互作用の理論化を進めたのであった。

第3話

マクスウェルの貢献

ベクトルポテンシャルの導入

前回，グリーンの（スカラー）ポテンシャル導入の話をしたが，そのさいに，ポテンシャルそのものは，微分方程式を解くための便利な道具としてすでに大陸の学者のあいだで使われていたことを述べた。同様のことは，マクスウェルが彼の3部作でファラデーの仕事を数学の言葉に翻訳するさいに鍵となるベクトルポテンシャルについてもいうことができる。

ベクトルポテンシャルの導入は，ノイマンの1845年の論文にさかのぼる[*1]。彼はアンペールの理論に基づいてファラデーの電磁誘導の説明を試みた。そしてそのなかで，ループ状に閉じた電流回路C'が別の閉回路C上に作用する磁気力を考察し，ビオ-サヴァールの法則とストークスの定理を用いて，その磁気力がちょうど2つの閉回路の位置関係によって定まるポテンシャルエネルギーのかたちに書き直せることを見つけた。これを表現するために便宜上ノイマンが導入したのは，閉回路C, C'上の位置をそれぞれ$\boldsymbol{x}, \boldsymbol{x}'$，閉回路$C'$を流れる電流の大きさを$i'$としたとき，現在の（SI単位系での）記法で

$$\boldsymbol{A}(\boldsymbol{x}) = \frac{\mu_0}{4\pi}\int_{C'} \frac{i'\mathrm{d}\boldsymbol{x}'}{|\boldsymbol{x}-\boldsymbol{x}'|} \tag{3.1}$$

と書かれるベクトルの表式であった（ここでμ_0は真空透磁率）。これを用いて磁気力$\boldsymbol{B}$は

$$\boldsymbol{B} = \nabla \times \boldsymbol{A} \tag{3.2}$$

で表されるから，この$\boldsymbol{A}$は現在でいうところの**ベクトルポテンシャル**にほかならない。ノイマンの表現によるファラデーの電磁誘導の法則(1.3)は，閉回路Cの面上での磁束の時間変化が起電力を与えるというものであったから，その評価にはベクトルポテンシャル$\boldsymbol{A}$の積分式を実行しなければならないが，表式(3.1)が示すように，それは式(2.3)と(2.4)を組み合わせたクーロンポテンシャルの表式と似たかたちをしているため，なじみのない作業ではない。

同様の考察は，翌年，ウェーバーにより彼の電気力学の基本式(2.5)に基づいて行われ，ノイマンのものとは少しだけ異なるかたちのベクトルポテンシャルが導入された。両者の違いは，現在でいうところのゲージ自由度の問

---

*1　ベクトルポテンシャル導入の歴史については，文献12, 13, 14がくわしい。

題——両者のベクトルポテンシャルはゲージ変換でつながれている——として理解できるが，これはベクトルポテンシャルの本質にかかわる問題であるから，次の第4話にあらためて論じることにしよう。なお，$\boldsymbol{A}$は(特別なゲージを選べば)ポアソン方程式を満たすことから，その評価は磁気力$\boldsymbol{B}$を評価するよりも容易であることが多く，そのいくつかの例はファインマンの教科書でもふれられている[15]。

ベクトルポテンシャルの導入に関しては，ケルヴィンの貢献を無視するわけにはいかない。というのも，彼が1847年の論文で$\boldsymbol{B}\cdot \mathrm{d}\boldsymbol{x}$が全微分となる例として磁気双極子を採りあげたときに式(3.2)を満たす$\boldsymbol{A}$を具体的に書き下しており，さらに1851年，一般的な磁気理論を提示するなかで，磁気力が$\nabla\cdot\boldsymbol{B}=0$を満たし，それゆえつねに式(3.2)を満たす$\boldsymbol{A}$が存在することを明確に述べているからである。しかもそのさいに彼はベクトルポテンシャル$\boldsymbol{A}$には任意性があること，つまりゲージ自由度の存在を明記している。これらの認識はまったく現代的なものであり，その先見性には驚かされる。

マクスウェルの3部作と場の概念

ケルヴィンに誘導されて，ファラデーの電磁気の仕事の理論化にとり組むことになったマクスウェルは，まず1856年に「ファラデーの力線について」と題した第1論文を発表する[16]。第1話で述べたように，ファラデーは彼の長年の電磁気の実験を通して，**力線**(lines of force)という幾何学的な描像に到達し，その物理的実在を信じるに至った。しかしながらファラデーの主張はあまりに曖昧であり，かつ数式を使わずに表現されていたため，同時代の研究者の多くからは事実上，無視されていた。その状況のなかで，マクスウェルはファラデーの一連の論文を丹念に読み込んで，彼の意を汲みとろうとした。そしてその解読の結果を数学という言葉を用いて表現することによって，一見曖昧で矛盾を抱えているようにみえるファラデーの仕事が，じつのところ一貫した整合的なものであり，意外にも高度に数学的なものであることを示したのである。

マクスウェルはその類いまれなる数学的才能と並んで，自然科学，すなわち当時の言葉でいえば自然哲学(Natural Philosophy)とはいかにあるべきかといった問題にも深い関心をもっていた。実際，第1論文「ファラデーの力線について」の冒頭には，長々と自然科学の方法論が述べられており，それは学位をとったばかりの25歳の青年のものとは思われない代物である。しかしこの自然哲学への識見があってこそ，ファラデーの直観的にみえる仕事のなかに潜む哲学的な重要性を理解することができたといえよう。ファラデーの仕事に先に注目したのはケルヴィンであるが，彼が熱伝導からの類推に基づいて力線を理解しようとしたのに対し，マクスウェルは非圧縮性流体からの類推に基づいてこれを行い，見事に成功した。ファラデーが信じた力線の実在性は，マクスウェルの幾何学的描像を通して現実味を帯びることになったのである。

さて力線はファラデーが生涯，くり返し主張した電磁気現象の根幹を成す概念であるが，さらに彼は電磁誘導現象を観察するなかで，状態の時間変動を理解するうえで，変動の方向性によって緊張し，あるいは弛緩（しかん）するような何らかの活性化状態の存在に気づいた。彼はこれを**電気活性化状態**(electrotonic state)とよび，のちの論文でもたびたびその重要性への注意を喚起した。マクスウェルは第1論文においてこれを電気活性化強度$\boldsymbol{A}$とよび，その時間的な強度変化に対する負のフィードバックとして電気力$\boldsymbol{E}$が生成されることから，これをそのまま(ベクトル表式では)

$$\boldsymbol{E} = -\frac{\partial \boldsymbol{A}}{\partial t} \tag{3.3}$$

と表現した。ここで重要な点は，この$\boldsymbol{A}$はノイマンやケルヴィンのいうベクトルポテンシャル，つまり式(3.2)に出てくる$\boldsymbol{A}$と同じものだということを見抜いたことである。この同定のお陰で，上式で両辺の回転(微分演算子∇との外積×の演算$\nabla\times$)をとることにより，関係式

$$\nabla \times \boldsymbol{E} = -\frac{\partial \boldsymbol{B}}{\partial t} \tag{3.4}$$

を導くことができる。これはマクスウェル方程式としてまとめられたひとそろいの等式の1つで，ファラデーの誘導法則ともよばれているものである[*2]。

マクスウェルの第1論文は，種々の電磁気現象への応用例やベクトル解析の数学的な定理などを含む長大なものであるが，非可換ゲージ理論の創始者(の1人[*3])であるヤン(C. N. Yang)も，マクスウェルの最初の大きな貢献は，この第1論文において，ファラデーの電気活性化状態がケルヴィンたちのベ

＊2 なお，式(3.3)は$\boldsymbol{E}$と$\boldsymbol{A}$の関係式としてはもっとも一般的なものではないが，これにかかわるゲージ自由度の問題にはマクスウェルも気づいており，論文においても定理5としてこれに言及している。

クトルポテンシャルにほかならないことを発見したことにあるとしている[17]。

続いて1861年から翌年にかけて，マクスウェルは「物理的力線について」と題する第2論文を発表した(時期が足かけ2年にわたるのは，複数に分けて発表したから)。この論文の冒頭で，彼は媒質内の張力や媒質の運動が，どのようにして観測された電磁的な力学現象を説明できるのかを示すことが目標であると宣言しているが，彼はこれを力線の物理的実在というファラデーの哲学的立場に立って達成しようとしたのである。そしてその媒質の具体的なモデルとして，彼は**分子渦**(molecular vortex)なるものを提案した。これは力線に沿うチューブ状の渦の回転方向と密度によって，力の方向と大きさが決まるとするモデルである。このモデルの価値はさまざまな電磁気現象の説明に有効であることで，たとえば誘導電流の現象の場合は以下のような話になる。

いま〈**図1**〉に示したように，地点AからBの右方向に電流が流れ始めたと

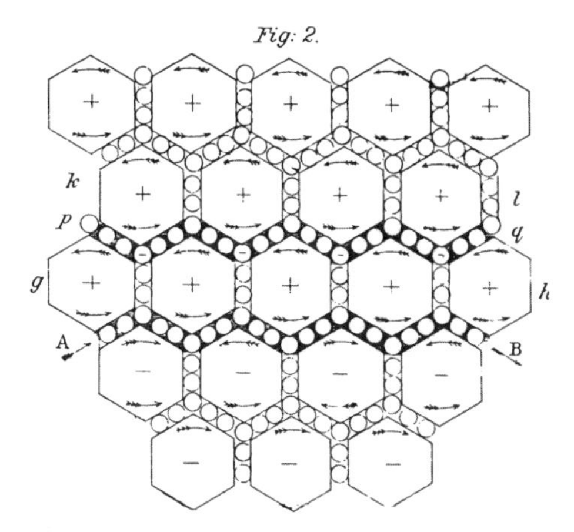

図1　第2論文のなかの磁力線と電流を表す渦と荷電粒子のモデル(原図)。AからBの右方向に電流が流れ始めた(荷電粒子が移動し始めた)場合，渦と渦間に詰まった荷電粒子の歯車の作用から，上の層の渦の回転方向と粒子の移動方向が決まる。その結果，qからpへ左方向に荷電粒子が移動し，それが誘導電流となる。渦の回転や粒子とのあいだの歯車には摩擦があり，その結果，時間とともに電流は消失する。図では渦のなかの＋は反時計まわりに，－は時計まわりの渦の回転を示す。なお，原図では下から2層目の右端と右から3つ目の渦の回転方向を示す矢印は，誤って反対方向に付けられている

＊3　非可換ゲージ理論の創始については興味深いエピソードが多いが，これも後(第11話)の楽しみとしてとっておくことにする。

する。電流は大きな渦と渦のあいだに詰まった小さな荷電粒子の移動によって生じるが，渦と荷電粒子には外縁に歯車がついていて，両者は互いの接触により回転が伝わる（隣り合わせた渦と荷電粒子は逆方向に回転し，したがって荷電粒子が移動しないなら同じ層（横列）の渦どうしは必ず同じ方向に回転する）ようになっている。さてAB方向に荷電粒子が移動すると，その歯車の作用により，AB間の上の$\boldsymbol{gh}$間の層の渦は反時計まわりに回転し，反対に下の層の渦は時計まわりに回転することになる。ところが，さらに上の$\boldsymbol{kl}$間の渦は当初は静止しているから，$\boldsymbol{gh}$間の回転の結果，渦間にある荷電粒子が$\boldsymbol{q}$から$\boldsymbol{p}$に左方向に移動することになる。これが誘導電流である。

その後，しばらくすると回転の摩擦から$\boldsymbol{kl}$間の渦も$\boldsymbol{gh}$間の渦と同方向に同じ速さで回転するようになるが，そのときには荷電粒子は移動しなくなって誘導電流は消失する。さていまここで急にAB間の荷電粒子が静止したとしよう。するとこれにともなって$\boldsymbol{gh}$間の渦も回転しなくなるが，その上の$\boldsymbol{kl}$間の渦が回転を続けているため，あいだにある荷電粒子が今度は$\boldsymbol{p}$から$\boldsymbol{q}$に右方向に移動することになり，再び誘導電流が現れるのである。

当然ながら，このようなモデルによる説明はモデル自体の物理的整合性や実在性が問われることになるから,マクスウェルもこれを深追いしていない。むしろ重要な点は，論文の後半[*4]で**変位電流**（displacement current）を導入し，これをそれまで知られたアンペールの法則のなかの電流（密度）$\boldsymbol{J}$に補正項として加えていることである。ここで変位というのは，電気力$\boldsymbol{E}$が誘電体に分極を引き起こすように，真空にも同様な分極を引き起こすと考えることに起因する。すなわち，真空の誘電率をε_0とするとき，真空中の（分子渦で満たされた）媒体に電気変位$\varepsilon_0\boldsymbol{E}$が生じ，それが時間的に変動するときには，その変動率に応じた電流$\varepsilon_0\partial\boldsymbol{E}/\partial t$が生じると想定するのである。その結果，アンペールの法則は改訂されて

$$\nabla\times\boldsymbol{B}=\mu_0\left(\boldsymbol{J}+\varepsilon_0\frac{\partial\boldsymbol{E}}{\partial t}\right) \tag{3.5}$$

となるが，これはちょうど，ファラデーの誘導法則（3.4）と対になる（電流の項を除けば$\boldsymbol{E}$と$\boldsymbol{B}$の役割をとり替えた）ものである。つまり，マクスウェルはファラデーのような実験をせずに，この法則にたどり着いたことになる。

＊4　論文中の命題14。なお，この命題でもそうだが，マクスウェルは論文中に，本連載で前にふれたグリーンが1828年に自費出版した冊子の結果を何度か用いている。

この補完作業は物理的には2つの意味で非常に重要な結果をもたらした。その1つは，電荷の保存則の獲得である。これは，上式(3.5)において，両辺の発散(微分演算子∇との内積の演算$\nabla\cdot$)をとり，これに$\boldsymbol{E}$と電荷密度ρを関係づけるガウス(Gauss)の法則

$$\nabla\cdot\boldsymbol{E}=\frac{\rho}{\varepsilon_0} \tag{3.6}$$

を用いて$\boldsymbol{E}$を消去すれば，電荷の局所的な保存則

$$\nabla\cdot\boldsymbol{J}+\frac{\partial\rho}{\partial t}=0 \tag{3.7}$$

が得られるからである。ここでもし変位電流の項がなければ，たんに$\nabla\cdot\boldsymbol{J}=0$となって，非定常電流の場合には矛盾が生じることになる*5。

もう1つの重要な結果は，いうまでもなく電磁波と光の関係の確立である。このことについてはよく知られているからここでくわしくふれることは避けるが，直観的にいえば$\boldsymbol{B}$の変位が$\boldsymbol{E}$を生み，さらに$\boldsymbol{E}$の変位が$\boldsymbol{B}$を生むことから，マクスウェルは簡単な議論を通してこれらの変位が横波として真空中を伝播し，その速度が(現在の記法で)$1/\sqrt{\varepsilon_0\mu_0}$に等しいことを導いた。この値は，すでにウェーバーらによって計測された値から求められるが，その結果はフィゾー(H. Fizeau)が1849年に実験的に求めた光速の値ときわめて近かった。この事実から，マクスウェルは「光とは，電磁波の伝播する媒体と同じ媒体の横波振動であるという結論を避けがたい」としたのである。

さてマクスウェルの3部作最後の第3論文は「電磁場の動力学的理論」と題されて，第2論文の3年後の1865年に出版された。この論文は，それまでに得られたさまざまな方程式を，より一般的な立場から整理し直したものであるが，そのさいに大きな立脚点の変更を行い，同時にその後の物理学にとり極めて重要になる概念を提示した。具体的にいえば，この第3論文において，彼は初めて**電磁場**(electromagnetic field)という術語を実体ある物理量をさすものとして導入し，そのうえで彼は第2論文で提示した分子渦のモデルを捨象して，電磁気現象には「場」の概念のみが物理的に重要であることを宣

*5 マクスウェルが彼のモデルからどのようにして変位電流の存在を導いたかは，論文にはあまり明瞭に書かれていない。このことから，むしろ電荷の保存則(3.7)を先に想定し，そこから変位電流を導いたのではとの推測も成り立つ[17]が，マクスウェル自身の論理はそれとは違っていたようである[12]。

言したのである。ここは第3論文のなかのマクスウェル自身の言葉を借りることにしよう[16)]。

> すべてのエネルギーは，それが運動というかたちであれ，弾性というかたちであれ，またほかのいかなるかたちであれ，力学的なエネルギーと同じものである。電磁気現象におけるエネルギーは力学的なものである。残された問題は,「それはどこに存在するのか？」ということである。従来の理論では，それは帯電体，導体の回路，磁性体のなかにあり，ポテンシャルエネルギーという名の知られざる性質として，あるいは遠隔的に何らかの影響を及ぼす能力として存在すると考えられた。われわれの理論では，それは電磁場のなかに存在する。帯電したり磁性を帯びた物体のなかだけでなく，それらの周囲の空間に存在するのである。それは2種類の異なるかたちで存在するが，何らの前提なしにいうならばそれらは磁気偏極と電気偏極として，あるいはもっともらしい前提のうえでいえば，それらはたった1種類の媒体の運動と緊張状態として存在するといえるだろう。

ここには，マクスウェルによるファラデーの思想の完成した姿がある。ファラデーは電磁気現象は局所的なものだと考え，これに物理的な実在を与える描像を提議した。マクスウェルはそれを忠実に理論化し，足りない部分は補完して肉づけした。そしてその物理的実在の根拠として,「1種類の媒体」のつくり出す力学的エネルギーを割り当てたのである。マクスウェルにとり，この「1種類の媒体」とは**エーテル**のことであった。しかしこのマクスウェルの第3論文において，それまでは「力の働く場所」という漠然とした使われ方をしていた「場」が，遠隔作用に基づく便宜的想定から脱皮し，エネルギーとしての局所的な実体をともなう一人前の物理的対象として，自由に羽ばたくことになったのである。

ファラデーの反応とマクスウェルの動向

マクスウェルの整理した電磁気現象の表式について，相互作用やゲージ自由度の観点から述べるべき興味深い事柄がいくつかあるが，それらは後回しにして，ここではマクスウェルの仕事に対するファラデーの反応と，当時のマクスウェルの動向についてふれておくことにしよう。

それまで自分の提出した力線や電気活性化状態の概念が等閑視されていたと感じていたファラデーが，マクスウェルの論文をみて，それらの概念に立派な数学的な装いがつけられることに驚喜したことは想像にかたくない。実際，第1論文の発表直後にファラデーはマクスウェルに手紙を送り，強力な数学の力がそれらに加わったことだけでなく，それらが数学化に見事に耐えていること，つまり自分の直観的な描像が数学的に厳密に裏づけられるものであったことに素直な驚きを表明している。その後も，ファラデーが予想した電磁波と光の同等性や，電磁場の局所的実在性などをマクスウェルが理論的に裏づけたことは，ファラデーに大きな満足を与えたに違いない。その一方，媒体としてのエーテルの概念には必ずしもなじまなかったファラデーは，マクスウェルの解決の仕方に多少の不満を覚えていたかもしれない。

惜しむらくは，数学的な素養のなかったファラデーには，表面的な理解以上にマクスウェルの仕事の真価を評価することが困難であったことであり，また1858年に実質的に引退して（教授としての辞職は1861年）ヴィクトリア女王から拝領したロンドン近郊のハンプトンコートに隠棲するようになってからは，加齢のためにマクスウェルの仕事の内容を理解することはさらに難しくなっていた。彼が晩年，「最後までただのマイケル・ファラデーでいたい」として王立協会会長などあらゆる顕職への要請を辞退し，その墓には姓名と生没年のみを記すようとり計らったことはよく知られる。彼の亡くなったのは1867年のことであった。

一方，マクスウェルが第1論文を発表したのは，ちょうどケンブリッジからアバディーンに教授職を得て異動した頃だったが，ほどなく大学改組のために失職し，1860年にはキングスカレッジに職を得てロンドンに移ることになった。したがって彼の第2，第3論文はロンドンで書かれたことになるが，この頃，すでにファラデーは引退していて両者にはさほど深い交流はなかったようである。マクスウェルも5年後には煩瑣（はんさ）な事務仕事の多いロンドンの職に飽いて，故郷グレンレアの領地にもどることになる。この決断には科学研究に専念したいという彼の希望もあったに違いないが，加えて地方紳士としての一家の暮らし――ロンドンでは得られない狩猟や魚釣りといった自然との交流――を楽しみたいという妻の強い要望もあったようである。アバディーン時代の学生だった天文学者のギル（D. Gill）は，マクスウェルが講義後に学生と親しく談笑していると，恐ろしい（terrible）妻がやってきてマクスウェルを午後3時の粗末な（miserable）夕食のために家に引きずり帰ったと回想している（文献14の第8章脚注を参照）。彼の妻はマクスウェルが研究者仲間と交流するのを喜ばなかったようであるが，憐憫の情とともに何となく安堵感を覚える話ではある。

第4話

場の実在性と2人の畸人

場のエネルギーとその流れ

量子力学には，測定とはいったい何か，そのとき量子状態はどのような変化をするか，そして物理量には実在性があるのか，といった問題がつきまとう。実際，アインシュタイン (A. Einstein) は量子力学における物理量の局所的な実在性への疑問から，量子力学が自然界の基本理論として不完全ではないかと考え，完全だと考えるボーア (N. Bohr) と長年の論争をくり広げたのであった。一方，古典力学では物理量の実在性が疑問視されることはない。粒子の位置や速度は，たとえそれらが観測者の物理的状況に依存するものであれ，任意の時刻に何らかの値をもって存在するものであり，また気体のエネルギーや温度も，たとえそれらが統計的なものであるにせよ，その実在性を疑う余地はないものとされた。

さてマクスウェルはファラデーの仕事をもとに3部作の論文を発表し，ファラデーが打ち出した電磁場の幾何学的な描像を数学という共通言語を用いて表現することによって，これに物理としての客観的な位置づけを与えようとしたのであった。そしてこのとき，電場$\boldsymbol{E}$，磁場$\boldsymbol{B}$の実在性の根拠として，それらにともなうエネルギーの存在をよりどころとした。**電磁場のエネルギー密度**uは，すでにケルヴィンやマクスウェル自身によって (現代の記法で)

$$u=\frac{\varepsilon_0}{2}\boldsymbol{E}\cdot\boldsymbol{E}+\frac{1}{2\mu_0}\boldsymbol{B}\cdot\boldsymbol{B} \tag{4.1}$$

というかたちで与えられていた。ここでε_0, μ_0はそれぞれ真空の誘電率，透磁率である。およそわれわれの社会生活上，もっとも身近にその影響を感知するのは光や熱，運動といったエネルギー変化をともなう物理現象であるから，これに電磁場も関与しているとすれば，目にみえずとらえどころのない場であっても，その物理的実在性を認めざるを得ない。

他方，マクスウェルはファラデーの虎の子概念である電気活性化状態に注目し，これは以前からケルヴィンが磁場$\boldsymbol{B}$を表現するさいに便利な道具として導入していたベクトルポテンシャル$\boldsymbol{A}$と同じものだと見抜いた。そしてこの同定を非常に重要な発見だと考えていたが，ここに上記のエネルギーを通した実在性の観点から問題が生じることになった。なぜなら，$\boldsymbol{B}$と$\boldsymbol{A}$との関係は

$$\boldsymbol{B} = \nabla \times \boldsymbol{A} \tag{4.2}$$

で与えられるが，ここで$\boldsymbol{A}$を任意の関数$\Lambda(\boldsymbol{x}, t)$を用いて次のように

$$\boldsymbol{A} \to \boldsymbol{A}' = \boldsymbol{A} + \nabla \Lambda \tag{4.3}$$

と変換しても磁場は変化しない($\boldsymbol{B} \to \boldsymbol{B}' = \boldsymbol{B}$)から，この変換は式(4.1)のエネルギー$u$に影響しない。つまり，エネルギーの観点からは，値の定まらないベクトルポテンシャル$\boldsymbol{A}$の実在性は曖昧なものとならざるを得ないからである。

同様のことは，電場に関係するスカラーポテンシャルϕについてもいえる。すなわち，(磁場に加えて電位差のある場合の)電場$\boldsymbol{E}$をポテンシャルを使って書き表すと

$$\boldsymbol{E} = -\frac{\partial \boldsymbol{A}}{\partial t} - \nabla \phi \tag{4.4}$$

となるが，ベクトルポテンシャル$\boldsymbol{A}$の変換(4.3)と同時に，スカラーポテンシャルϕも

$$\phi \to \phi' = \phi - \frac{\partial \Lambda}{\partial t} \tag{4.5}$$

と変換すれば，やはり電場は変化しない($\boldsymbol{E} \to \boldsymbol{E}' = \boldsymbol{E}$)。したがって，ベクトルポテンシャル$\boldsymbol{A}$に加えて，スカラーポテンシャル$\phi$についても，その実在性に疑問符がつくことになる。ポテンシャルに対するこれらの変換(4.3)，(4.5)は**ゲージ変換**とよばれ，のちに素粒子の基本的相互作用のかたちを定めるうえで大きな役割を果たすだけでなく，量子力学においても新たな意義をもつことになる。しかし古典的な電磁気現象のうえでは，これらはまったく別の問題であって，ポテンシャルの物理的実在性を正当化するものにはならない。

マクスウェルがベクトルポテンシャル$\boldsymbol{A}$を重要視したのは，それがファラデーの電気活性化状態に対応するものであることに加えて，その時間変化が電場$\boldsymbol{E}$を生じさせることによる。具体的にいえば，電場$\boldsymbol{E}$は単位電荷あたりの電気の力を意味するので，式(4.4)とニュートンの運動方程式$\boldsymbol{F} = \mathrm{d}\boldsymbol{p}/\mathrm{d}t$との類推により，$\boldsymbol{A}$を(単位電荷あたりの)運動量として意味づけることが可能になるからである。このため，マクスウェルはベクトルポテンシャルを

電磁気的運動量 [*1] ともよんだが，これはその後，一般化運動量

$$\boldsymbol{p} = m\boldsymbol{v} + q\boldsymbol{A} \tag{4.6}$$

(ここでmは粒子の質量，qはその電荷)として解析力学のなかでまとめてとり扱われるものになった。

19世紀後半の物理学におけるエネルギー概念は，ヘルムホルツの雄弁な唱道などもあり，著しくその地位を向上させていた。エネルギー保存則は個々の物理法則から導かれるべきものではなく，むしろエネルギー保存則こそが個々の物理法則を規定するのであるというヘルムホルツの信念に端を発し，19世紀末にはヘルム(G. Helm)やオストヴァルト(W. Ostwald)らが唱えた，観測量の関係とエネルギー概念に基づく自然現象の統一的理解をめざす**エネルギー一元論**(エネルゲティーク)が勢力をもった。このような状況のなか，マクスウェルより一世代若く，ヘルムらと同世代のヘヴィサイド(O. Heaviside)〈**図1**〉やヘルツ(H. Hertz)の目には，マクスウェルのポテンシャルへの執着は正当なものではないと映った。そして彼らにとっては，ポテンシャルなるものは方程式から“抹殺”(murder)されねばならない[18)]ということになったのである。

図1　オリヴァー・ヘヴィサイド

この信条に基づいて，ヘヴィサイドはマクスウェルの提示した方程式系から式(4.4)を用いてポテンシャルを消去し，電場$\boldsymbol{E}$と磁場$\boldsymbol{B}$だけのものに書き直した。そしてそのさいに，マクスウェルの与えた電磁場成分による式ではなく，それらをベクトルを用いた4本の偏微分方程式のかたちにまとめ上げた。その結果，表式は電場$\boldsymbol{E}$と磁場$\boldsymbol{B}$について双対性をもつ形式となり，おのおのの物理的な解釈も容易になった。じつのところ，

*1　$\boldsymbol{p}$の物理的意義は，たとえば特定の方向$\boldsymbol{n}$への平行移動のもとで不変なポテンシャル中では，保存する運動量が$\boldsymbol{p}$の$\boldsymbol{n}$方向成分$\boldsymbol{p}\cdot\boldsymbol{n}$で与えられることからもうかがうことができる。すなわち，ベクトルポテンシャル$\boldsymbol{A}$というのは，荷電粒子が電磁場のなかで身にまとう単位電荷あたりの運動量であるとみなすことができるのである。

19世紀末以後現在に至るまでの電磁気の教科書においてマクスウェル方程式の名で提示されるのは，このヘヴィサイドによる改訂版が元になっている*2。ヘヴィサイドよりもさらに1世代若いアインシュタインが学んだのも，この改訂版を採用した教科書であった。

さて電信技術者として出発したヘヴィサイドには，電線を通してどのようにエネルギーが損失なく送られるかに大きな関心があった。1884年に，彼は**電磁場のエネルギー密度流**$\boldsymbol{S}$が電場$\boldsymbol{E}$と磁場$\boldsymbol{B}$の外積のかたち

$$\boldsymbol{S}=\frac{1}{\mu_0}\boldsymbol{E}\times\boldsymbol{B} \tag{4.7}$$

に書けることを見つけた。ただし，同じ結果をヘヴィサイドよりも少し早く(同年1月に)ポインティング(J. Poynting)が発表していたため，このエネルギー流には**ポインティングベクトル**の名がついた。このポインティングベクトル$\boldsymbol{S}$の導出はさほど難しいものではない。実際，電流密度を$\boldsymbol{J}$とするとき，それが電磁場のもとで単位時間に消費するエネルギーは$\boldsymbol{J}\cdot\boldsymbol{E}$であり，それゆえ局所的なエネルギー保存則が

$$\nabla\cdot\boldsymbol{S}+\frac{\partial u}{\partial t}=-\boldsymbol{J}\cdot\boldsymbol{E} \tag{4.8}$$

と書けることを指針として$\boldsymbol{S}$の表式を定めることができる。これについては，ファインマンの教科書[20]に丁寧な説明があり，またそこではこの表式の任意性にまで言及されていて興味深い。

それでは電磁場のエネルギー流を与えるポインティングベクトルは，場の実在性についてどのような姿をさし示すのであろうか。われわれにもっとも身近な電流回路を例にとると，ポインティングベクトルの様子は〈**図2**〉のようになる。回路の抵抗で消費される単位時間あたりのエネルギー(電力)は，電池から導線中を通って供給されるのではなく，導線の外を通る電磁場のエネルギー流によって周囲の空間から供給されている。この“意外な”事実は

*2　ヘヴィサイドが初めて改訂版を提示したのは1885年の論文においてであり，さらにヘルツも1890年に同じ観点から類似の改訂版を提示しているが，彼らは気づいていなかったものの，マクスウェル自身，いち早く1868年にポテンシャルなしの改訂版を提示していた。なお，本来ならばここでヘヴィサイドの改訂版を掲示すべきだが，運動による電気や磁気力を考慮するなど，いくつか現代的でない部分があってそれはあまり教育的ではない。興味のある読者は，たとえば太田氏の教科書[19]を参照されたい。

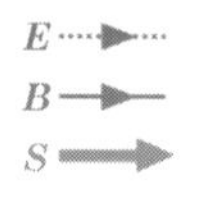

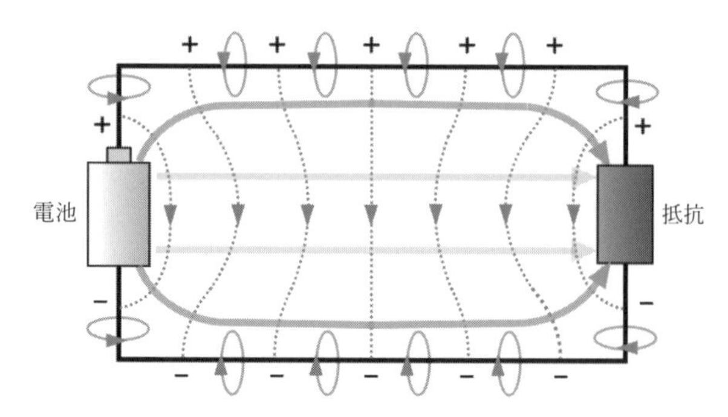

図2　簡単な電気回路におけるエネルギー流。抵抗で消費される単位時間あたりのエネルギー（電力）は，電池から導線中を通って供給されるのではなく，導線の外を通る電磁場のエネルギー流によって周囲の空間から供給される。抵抗のなかに入る単位時間あたりのエネルギー流の総和は，(4.7)で与えられるポインティングベクトル$\boldsymbol{S}$が抵抗の表面にほぼ垂直に入ることから $P=|\boldsymbol{S}|\times$（抵抗の表面積）となる。抵抗が円柱状だとして，その長さをd，半径をrとすれば，（抵抗の表面積）$=d\times 2\pi r$ となるが，アンペールの法則から抵抗の外の磁場の大きさは電流Iを用いて $B=\mu_0 I/2\pi r$ で与えられることを使うと，電磁場からの流入電力は $P=(1/\mu_0)EB\times 2d\pi r=Ed\times I=VI$ となり（$Ed=V$は抵抗の両端間の電圧降下），これは抵抗での消費電力にほかならない。すなわち，抵抗での消費電力は，導線外から抵抗に侵入する電磁場のエネルギーに等しい

電信関係者には常識のようであるが，どうやら物理学の関係者には周知されていないらしい*3。現代の物理学の世界では「場」は日常的用語になっており，その実在性について疑問を抱くことはほとんどないが，それにもかかわらず，電気エネルギーの伝達が電線のなかではなく外で行われること，そして電磁場がそれを担っていることについては違和感がある人が多いのではないだろうか。じつのところ，この直感に反する事実を含めて，電磁場の実在性を自然に実感することは，思ったほど容易ではないのである。

電磁気畸人録：ヘヴィサイドとキャヴェンディッシュ

さてファラデーは鍛冶職人の息子として，グリーンはパン職人の息子として，いずれも貧しい家庭に生まれ，教育らしい教育も受けず，自力で勉強し

*3　一部の和書にもこの事実への言及があり，たとえば教科書[19]の13.12節は教育的である。

て当時最高の学問水準にまで到達したのであった。その学問とは，ファラデーの場合は化学や物理の実験的研究であり，グリーンの場合は数理物理学であった。ヘヴィサイドはこの2人の衣鉢を継ぐ者である[18)]。彼は廃れゆく木彫り職人の息子として，1850年にディケンズの小説に登場するようなロンドンの貧民街に生まれ*4，16歳で学校教育を終えてからは電信会社で働いた。したがって先の2人と同じく，彼もまた大学アカデミズムとは無縁であった。ヘヴィサイドは自ら是としないことは上司の方針に逆らってでも行わないという筋を通す(裏返せば狷介な)性格だったためか，24歳で電信技師を辞めた後は，ロンドンの実家に帰って親と同居し，生涯，定職に就くことはなかった。彼の住まいは親が提供し，生活は兄が支えた。つまり，ヘヴィサイドは現代の言葉でいえば「引きこもり」なのであった。

しかしこの引きこもり男は，尋常ならざる才能をもっていた。彼は独力でケルヴィンの電信理論を発展させ，電信方程式をつくり上げ，通信効率を改善する具体的方法を提案した。彼の提案は，当時の通信業界の権威であった英国郵便の技術主任の提案とは真っ向から対立するものであったが，彼は自説への自信から相手を手厳しく論難した。彼は文章家であり，その筆鋒は鋭くまた諧謔に富んでいた*5。

幸運なことに，彼の母方の叔母はホイートストンに嫁いでいた。ホイートストンは当時，ロンドン大学キングスカレッジの実験物理学教授であり，電信機の発明でも知られ，大西洋電信会社の顧問として電信網の敷設事業に関与していた。ヘヴィサイドが学校卒業後に電信会社に職を得たのはホイートストンの紹介によるものであり，またのちに電信技術や電磁気理論の論文を発表できたのも，おそらくホイートストンの仲介や助言があったためと推察される。ヘヴィサイドの論文はケルヴィン(また彼の名が出る！)の注目するところとなり，のちに彼の紹介を通して，ヘヴィサイドの仕事の価値が広く認められるようになった。

ヘヴィサイドはまた，現在，演算子法とよばれる微分方程式の代数的解法の創始者の1人としても知られる。これは彼が電気理論の応用のなかで生み出した手法であり，それゆえ具体的問題の解析に使うことでヘヴィサイド自らその実用性を確認することができた。しかしながら，その運用において数学的厳密さに欠ける面があったことから，数学者からは怪訝な目でみられた。

---

*4　実際，ディケンズが少年時代に過ごした場所の近くにヘヴィサイド一家の住居があった。
*5　畑違いながらも，明治の操觚者・斎藤緑雨を彷彿させる。

このようなことは，演算子法に限らず物理や工学での新しい数学手法の開発においてしばしば生じることであり，現在でも数学的に「怪しい」処理を行って，何らかの物理的な答えを引き出すことが少なからずある。いわゆる「超関数」(グリーンやヘヴィサイドもこれに貢献した)や場の量子論における「くり込み」(発散量をあたかも有限量のように扱う)などはそういった例であるが，これらはのちに改善されて数学的にも問題のない扱いができるようになった。しかし，その過程で種々の混乱や誤謬(ごびゅう)を生むことがあったこともまた事実である。

このような新しい数学の創造の仕方については，物理学者などの利用者側は寛容であり，そうでない数学者とのあいだで軋轢(あつれき)を生じる——ありていにいえば数学者から軽蔑される——ことも多い。ヘヴィサイドもこれを経験したが，これに対して彼は“数学は実験科学”であり，“厳密な数学は狭苦しく，物理の数学は大胆でゆったりしている”としてこれを擁護した。彼はさらに続けて，厳密さを求める形式主義には限度がなく，最終的には直観がこれに始末をつけるほかないとして，次のように述べている[21]。

> 私自身が長年にわたり利用し成果をあげてきた数学的手法について，その(それが正当なものであるという)学問的な論拠を，私も，またほかの誰も持ち合わせていないものがある。私はその手法に習熟しており，実感としてそれを理解している。仮にその完全な論拠が見つからないとしても，事実は事実である。そもそも完全な論拠などというものはあり得ない。いかに論理的な装いをしたとしても，どこかで不足する何かがあるからである。

彼がこの述懐を行うにあたっては，おそらく演算子法が念頭にあったのであろうが，程度の差こそあれ，多くの物理学者の意見を代弁しているように思われる。

さて人嫌いの畸人科学者といえば，絶対に見逃せないのがキャヴェンディッシュ(H. Cavendish)〈**図3**〉である。キャヴェンディッシュはヘヴィサイドよりも120年ほど前にデヴォンシャー公の家系に生まれ，母はケント公の娘であった。したがってヘヴィサイドとは対照的に，ケンブリッジ大学で当時最高の教育を受け，父の莫大な遺産を受け継いでロンドンの邸宅に住み，別邸に自分用の実験室や図書館をこしらえることができた[*6]。つまり，キャヴェンディッシュにはもとより生活のために職を得る必要などなく，また好きな研究を行うのに大学などの施設や公的資金を頼る必要もなかったが，それは引きこもり型人間にはぴったりの環境であった。実際，極度の人嫌いだった彼は他人との交際を絶って，自邸に籠もって物理の研究を行った。家僕とはメモを通してのみ意思疎通し，とくに女性を避けるため，邸内で女中と顔を合わさぬよう自分用の別階段をつくらせたという。

図3　ヘンリー・キャヴェンディッシュ（© Trustees of the British Museum）

彼は限られた知人としか会話しなかったとされるが，それでもヘヴィサイドとは異なり，父の紹介で王立協会（Royal Society）に出入りし，のちに理事となってその運営にかかわった。このほか，大英博物館や王立研究所（Royal Institution）の設立にも関与し，後者においてはファラデーの恩人であるデイヴィーの実験を支援した。水素の発見や空気の組成，そして有名なねじれ秤（ばかり）による地球の質量密度の測定など，彼自身の研究成果の一部はこれらの組織の会報などを通して報告された。その測定結果はいずれも非常に精度の高いものであり，たとえば彼の得た地球の質量密度から算定された重力定数Gの値は，現代の標準値と比べても1%の誤差しかない。

しかし本当に驚くのは，彼が電磁気現象に関する重要な実験結果を公表せず，秘匿したままだったことである。そのなかにはずっと後年になって再発見されるオーム（Ohm）の法則や電気容量の考えが含まれるが[*7]，特筆すべきはクーロンの逆2乗則が発表される12年前の1773年に，すでにその法則をクーロンと同精度以上で確認していたことである。もし彼がこれを公表していれば，法則名はキャヴェンディッシュのものになっていただろう。彼の電磁気に関する仕事の一部は，18世紀半ばになってケルヴィン（またまた彼が登場！）がキャヴェンディッシュの残した文献を発見し，その重要性を認

＊6　キャヴェンディッシュの邸は現在の大英博物館の裏手にあり，ヘヴィサイドの住んだ貧民街からもさほど遠くはなかった。

＊7　彼は熱に関する考察も，当時の流体説ではなく近代的な物体の構成粒子の運動の視点から行っていたことが，1969年になって発見された「熱」と題された彼の著作から明らかになった。

識するまで，誰も知る者はいなかった。

キャヴェンディッシュの多くの業績が知られざる状態にあったことは，金と名誉に恬淡な本人にはどうでもよいことであっただろうが，ロンドンから一時故郷エディンバラのグレンレアに隠棲し，1871年にケンブリッジに実験物理の研究所が設立されたさいに招聘されて初代所長に就任したマクスウェルにとっては無関心事ではなかった。というのも，この研究所はキャヴェンディッシュ一族の財政的支援のもとで開設されたものであり，さらにマクスウェル自身，一族から委嘱されたキャヴェンディッシュの遺稿の整理を進めるなかで，自ら彼の行った実験の再実験を行い，その先見性に驚嘆して顕彰の必要性を痛感していたからである。後年，研究所の名称にキャヴェンディッシュの名が冠されたのは，マクスウェルの発案によるものであった。

マクスウェルは律儀な男であった。ケンブリッジ大学を卒業し，研究者キャリアを始めるにあたり，ファラデーの膨大な実験研究を分析してこれに理論的な枠組みを与えることをテーマに選んだ。そして晩年（といっても40代であるが）にはキャヴェンディッシュの仕事（その多くは実験的な報告）の全面的な精査を行い，これを著作集[22)]としてまとめ上げた。マクスウェルの死の1ヶ月前に出版されたこの著作集には，キャヴェンディッシュの実験へのマクスウェルの解説とともに，クーロンの逆2乗則に相当するものについて，マクスウェル自身の行った再実験の報告が付記されている。それによれば，キャヴェンディッシュの実験では逆2乗則からのべきのずれは50分の1以下であったが，マクスウェルの結果は約2万分の1以下というきわめて高精度の検証結果となっている。

ちなみに，マクスウェルがキャヴェンディッシュの仕事に興味を抱いたのは，ケンブリッジにもどるずっと前，ケルヴィンとの手紙による討議を行ったときからのものであったが，さらに彼が電磁気の3部作の完成後，当時の電磁気理論を整理した著作『電気磁気論考』の準備のために先行研究を調べたこともその動機の1つであったらしい。キャヴェンディッシュ著作集編集へのマクスウェルの隠された意図[23)]や，クーロンの実験の信憑性に関する疑問[24)]など，いまでもこれらにまつわる話の種は尽きないようである。

第5話
ベクトルポテンシャルは物理的に実在するか？

しばし逸脱

これまで，ファラデーからマクスウェルに至る電磁気学の歴史を追いかけながら，マクスウェル理論がどのようにしてつくられたか，そして電磁場の概念がどのように生まれ，受け容れられるに至ったかをたどってきた。そのさいに，（ベクトル）ポテンシャルの物理的な位置づけにも少しふれた。今回は，ひとまず歴史的な流れの記述から逸脱して，ポテンシャルの物理的意味について，古典論と量子論との違いに留意しつつ，まとめて述べておきたい。時代も一気に20世紀後半まで跳ぶことになるが，その前に，19世紀末のポテンシャルをとり巻く状況をかいつまんで記しておこう。

バースの年会と「ポテンシャルの抹殺」

マクスウェルがファラデーの電磁気現象の豊富な実験結果を整理し，それらを数理的に表現して物理法則の体系として完成させたのは，彼の3部作の論文が完結した1865年と目される。しかし多くの人々がその理論の全貌を知るのは，彼自身が電磁気学の教科書『電気磁気論考』[25)]を著した1873年以降のことである。マクスウェルは1879年に病没しており，その後の彼の理論の普及に大きな影響を与えることはなかったから，その仕事はマクスウェルより1世代若いヘヴィサイドやフィッツジェラルド（G. FitzGerald），ロッジ（O. Lodge）らの手に委ねられた。

じつのところ，マクスウェルの理論は当時の人々にただちに受容されたというわけではない。そもそも，ファラデーやマクスウェルの主張する電場や磁場による近接作用の考えは英国独自のものであり，欧州大陸ではウェーバーやヘルムホルツの遠隔作用に基づく電磁気理論が権威をもっていた。また，英国においてさえも，マクスウェルの庇護者たるケルヴィンがマクスウェル理論の内容に不満を表明していた。というのは，マクスウェルの想定した変位電流（第3話参照）が実証されておらず，また理論が余分な概念を含み整理の行き届いていないものだとケルヴィンには思われたからである。

マクスウェル理論の反対勢力は，彼らだけではなかった。19世紀の中頃より飛躍的に発展しつつあった電信設備の発達は，同時に多くの電信技術者を育て上げることになった。とくに英国においては，つぎつぎに拡がる鉄道網を利用した全国的な電信網の展開に加えて，大西洋ケーブルの敷設（1857年から5次にわたり工事が行われ1866年に完成。これにケルヴィンも顧問として参画していた）といった大事業が行われ，それとともに電信技術者の社会的地位も上昇した。正規の大学教育を受けず，現場で電磁気現象と格闘している彼らの目には，小難しい電磁気理論を振り回す理論家は現実の電磁場を知らぬ空論家だと映った。とりわけ長距離通信の実現方法としてヘヴィサイドが提案した（装荷コイルを付加する）伝送方式が当時の電信技術者の常識を覆し，通信業界の権威を否定することになったため，ヘヴィサイドは彼らから敵視され，さらには彼の依拠したマクスウェル理論までもが排斥対象になっていたのである。

ここに現れたのが，1888年のヘルツが電磁波を発生させ，それが自由空間のなかで光速と等しい速さで伝播したというニュースである。マクスウェル理論の旗印の1つが電磁波の存在であり，それが光の本性であるという主張であったため，このニュースはマクスウェル理論の支持者にとり大きな福音となった。折しも同年9月に，英国科学振興協会の年会がバース（Bath）で開催され，国内の多くの研究者が集まり討議を行う機会があった。この会議では，当初，ロッジが自らの有線での電磁波の伝播の実証実験を紹介する手はずであったが，それよりはるかに衝撃的なヘルツの無線による電磁波伝播の実験結果（電磁波の干渉効果も確認されていた）が高らかに紹介され，これがマクスウェル理論の正しさをケルヴィンを含めた懐疑派に納得させる決定打となった。つまり，1888年のバースの年会は，英国内でのマクスウェル理論の受容のうえで分水嶺（ぶんすいれい）となったのである。同時に，ヘヴィサイドの理論の正しさも明るみに出て，それまでほとんど無名だった彼の名を多くの人が知ることとなり，その結果，わずか3年後には彼は王立協会フェロー（FRS）に選ばれるまでになる。

ところで，この会議にはもう1つの大きな焦点があった[26)]。それは「ポテンシャルの抹殺」とフィッツジェラルドがよんだ，ポテンシャルは電場や磁場と同様に物理的な存在として認められるかという問題の討議であった。第4話も述べたように，マクスウェル理論のなかにはスカラーポテンシャルϕとベクトルポテンシャル$\boldsymbol{A}$が含まれ，それらは数式処理のうえでは，たとえば電磁波の伝播を扱うさいの便利な道具となっている。しかし場のエネルギー密度やその流れは電場と磁場にのみ依存することから，少なくともエネルギーの観点からは，これらのポテンシャルをそのまま物理的な実在だとみなすことはできない。

さらに第4話で述べたように，ベクトルポテンシャル（以後，4次元的な4元ベクトルの意味でϕと$\boldsymbol{A}$をまとめてこのようによぶことにする）に対す

るゲージ変換(4.3)，(4.5)，すなわち

$$\begin{aligned} \phi \to \phi' &= \phi - \frac{\partial \Lambda}{\partial t} \\ \boldsymbol{A} \to \boldsymbol{A}' &= \boldsymbol{A} + \nabla \Lambda \end{aligned} \tag{5.1}$$

のもとで，電場(4.4)と磁場(4.2)

$$\begin{aligned} \boldsymbol{E} &= -\frac{\partial \boldsymbol{A}}{\partial t} - \nabla \phi \\ \boldsymbol{B} &= \nabla \times \boldsymbol{A} \end{aligned} \tag{5.2}$$

はともに変化しない($\boldsymbol{E} \to \boldsymbol{E}' = \boldsymbol{E},\ \boldsymbol{B} \to \boldsymbol{B}' = \boldsymbol{B}$)。このことは，物理的な存在である電磁場を定めるうえでは，ベクトルポテンシャルには変換の関数$\Lambda(\boldsymbol{x}, t)$の分だけの不定性(曖昧さ)があることを意味する。バースの会議ではまずϕの非物理性が討議の対象となり，参加者の議論はその抹殺に傾いた。会議に欠席していたヘヴィサイドは，これを不徹底な態度とみて，のちに$\boldsymbol{A}$を同時に抹殺すべしと主張し，これらのポテンシャルを重要視したことはマクスウェルの大きな間違いであったとした。このベクトルポテンシャル抹殺の立場は，瞬く間にマクスウェル理論の支持者のあいだに浸透し，マクスウェル理論が電磁気理論としての普遍的地位を確立するさいには，広く認められたものとなっていた[*1]。

物理を記述するにあたり，古典力学では運動方程式が「すべて」であり，あらゆる現象は原理的には運動方程式の解として説明されるべきものと考える。マクスウェル理論における現代版の場の運動方程式，すなわちヘヴィサイドらが整理したマクスウェル方程式は電場$\boldsymbol{E}$と磁場$\boldsymbol{B}$のみで書き表されており，また電磁場が速度$\boldsymbol{v}$で運動する電荷qの荷電粒子に及ぼす力を表す**ローレンツ力**[*2]

$$\boldsymbol{F} = q(\boldsymbol{E} + \boldsymbol{v} \times \boldsymbol{B}) \tag{5.3}$$

も電場と磁場だけで表されていることから，少なくとも古典物理学ではベクトルポテンシャルは非物理的な存在であると結論される。さてこの結論は，

---

*1 ただし，バースでの年会時にはマクスウェル理論を承認するそぶりをみせていたケルヴィンは，その後，もとの懐疑派に逆もどりしたようである[26)]。

*2 歴史的には，まずケルヴィンが磁場からの荷電粒子への力の記述を試み，ヘヴィサイドがこれを改訂し，最終的に1895年にローレンツ(H. Lorentz)がこの式に到達した。

量子力学においてもそのまま通用するものだろうか。

量子力学とベクトルポテンシャル

量子力学において運動方程式に対応するものは，系の量子状態の時間発展を規定する**シュレーディンガー方程式**である。電磁場中の質量m，電荷qの荷電粒子に対するシュレーディンガー方程式は，

$$\mathrm{i}\hbar\frac{\partial}{\partial t}\psi(\boldsymbol{x},t)=\left[\frac{1}{2m}(\mathrm{i}\hbar\nabla+q\boldsymbol{A})^2+q\phi\right]\psi(\boldsymbol{x},t) \tag{5.4}$$

で与えられ，ここで$\hbar\simeq1.05457\times10^{-34}$ Jsは（換算）プランク定数，$\psi(\boldsymbol{x},t)$は系の状態を表す波動関数である。量子力学での時間発展の基本法則のなかにベクトルポテンシャルが入っていること，そして基本法則からベクトルポテンシャルを排除し，電磁場だけで記述することが容易ではないという事実*3は，これらの量の物理的位置づけが量子論と古典論とでは根本的に異なることを示唆する。

ただしここで注意しなければならないのは，量子状態を表す波動関数も全体としては物理的だとはいえないことである。実際，実験と直接的につながる物理量の期待値（測定値の平均値）は，つねにψとその複素共役のψ^*のペアを含む式で表されるから，ψには位相の不定性があり，ψと$\mathrm{e}^{\mathrm{i}\theta}\psi$は物理的に区別がつけられない。しかしおもしろいことに，この量子状態の位相不定性は，位相角θが局所性をもつ（時空に依存する）場合には，ぴったりベクトルポテンシャルの不定性と重なる。すなわち，ベクトルポテンシャルに対するゲージ変換(5.1)と同時に，波動関数に対する（$\theta=q\Lambda/\hbar$とする）局所的位相変換

$$\psi(\boldsymbol{x},t)\rightarrow\mathrm{e}^{\mathrm{i}q\Lambda(\boldsymbol{x},t)/\hbar}\psi(\boldsymbol{x},t) \tag{5.5}$$

を実施すれば，シュレーディンガー方程式(5.4)はちょうど位相の微分がベクトルポテンシャルの変換部分と相殺（そうさい）して，実質的にもとにもどることが確かめられる。いい換えれば，マクスウェル理論におけるベクトルポテンシャ

*3　シュレーディンガー方程式からベクトルポテンシャルを追放し，電場と磁場のみで記述する安直な試みとしては，たとえば速度演算子 $\boldsymbol{v}:=-(\mathrm{i}\hbar\nabla+q\boldsymbol{A})/m$ を用いて方程式を書き換える方法が考えられるが，$\boldsymbol{v}$の演算子としての表現に再びベクトルポテンシャルが現れてしまい，もくろみは失敗に終わる[27)]。

ルのゲージ変換のもとでの不変性は，そのまま量子力学における電磁場と粒子の相互作用を記述する基礎方程式における不変性に，自然なかたちで拡張されるのである。これは，マクスウェルの電磁気理論におけるベクトルポテンシャルが，あたかも将来の量子力学の出現を予期していたかのようである。結局のところ，古典電磁気学において抹殺すべき対象であったベクトルポテンシャルは，数式の便宜上の道具というだけでなく，新たな物理法則を発見するうえで重要な役割を担っているということができる。

しかし，ゲージ変換のもとで基礎方程式が不変であること —— これは**ゲージ対称性**とよばれる —— は，この変換が物理的結果に影響しないことを意味するから，依然としてベクトルポテンシャル（と波動関数の位相）の不定性は存在する。したがって，ベクトルポテンシャルの非物理性は，量子論においても電磁場の古典論であるマクスウェル理論の場合と何ら変わることがないかにみえる。

アハロノフ-ボーム効果

さてここで，量子力学ならではの特殊事情を明るみに出すことにしよう。1959年，アハロノフ（Y. Aharonov）とボーム（D. Bohm）は荷電粒子の2つの経路からなる干渉計において，粒子の経路上に磁場が存在しなくても，ベクトルポテンシャルさえ存在すれば干渉縞（かんしょうじま）に影響が及ぶ可能性を指摘した[28)]。粒子の干渉は典型的な量子現象であるから（粒子と波動の2重性），これは量子力学においてベクトルポテンシャルが特別の意義をもつことを示唆する。

これを理解するために，〈**図1**〉のように，電流の流れるソレノイドがあり，電荷qの荷電粒子がそれを挟む左右どちらかの経路を通ってスクリーンに到達する状況を考えよう。ソレノイド内部には磁場$\boldsymbol{B}$があるが，ソレノイドは十分に長く，磁場は外部には漏れていないとする。また，荷電粒子はソレノイドの内部には近づけないようにしてある。この状況は，ちょうど2重スリットの干渉計と同じであるから，図の左側にある粒子源から飛び出た荷電粒子は，ソレノイドの左右を通る量子的な波ψ_{L}, ψ_{R}となって互いに干渉し，スクリーン上に干渉縞をつくる。さてここで，ソレノイドに流れる電流を変えてソレノイド内部の磁場$\boldsymbol{B}$の大きさを変化させる。このとき，ソレノイド外部の磁場は$\boldsymbol{B}=0$のままだから，左右の経路を通る荷電粒子には何の影響も及ばないように思われるが，果たしてそうだろうか。

その答えは，シュレーディンガー方程式(5.4)から，くわしい計算をせず

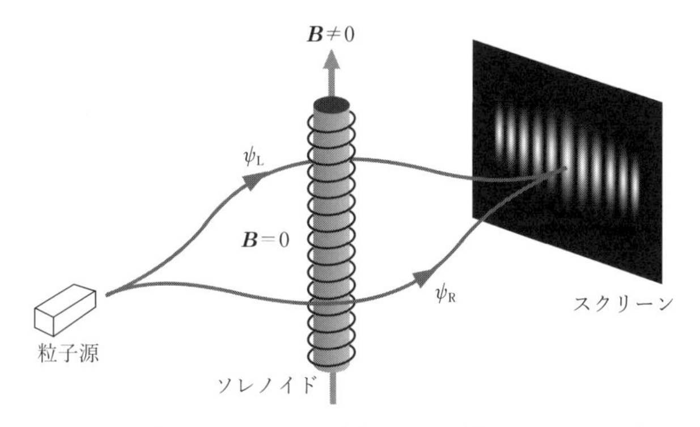

図1　アハロノフ-ボーム効果。ソレノイド内部にのみ磁場$\boldsymbol{B}$があり，外部には磁場は漏れておらず，また荷電粒子はソレノイドの内部には近づけないようにしてある。図の左側にある粒子源から飛び出た荷電粒子は，ソレノイドの左右を通ってスクリーン上で干渉縞をつくる。ソレノイド内部の磁場$\boldsymbol{B}$の大きさを変化させると，電子は磁場と直接には接触していないにもかかわらず，干渉縞の位置が変化（左右に移動）する

ともただちに得ることができる。というのも，全体として電磁場のない場合の（すなわち$\boldsymbol{A}=0$，$\phi=0$での）方程式(5.4)の解を$\psi_0(\boldsymbol{x},t)$とするとき，ソレノイド内部にのみ磁場のある場合の（すなわち$\boldsymbol{A}\neq 0$，$\phi=0$かつソレノイドの外側では$\boldsymbol{B}=0$となる）解は，たんに

$$\begin{aligned}\psi(\boldsymbol{x},t)&=\mathrm{e}^{\mathrm{i}\theta(\boldsymbol{x})}\psi_0(\boldsymbol{x},t)\\ \theta(\boldsymbol{x})&=\frac{q}{\hbar}\int_C \boldsymbol{A}(\boldsymbol{x}')\cdot\mathrm{d}\boldsymbol{x}'\end{aligned}\tag{5.6}$$

と置くことで得られるからである。ここで位相θの線積分は，適当な始点から終点$\boldsymbol{x}$に至る経路C上で行うものであるが，ここでこの線積分の値はソレノイドをまたぐことがない限り経路の選び方にはよらないことに注意しよう。なぜなら，始点と終点を共通にもつ2つの異なる経路C, C'のあいだの位相差は，それらがつくるループΓ上の$\boldsymbol{A}$の線積分に等しいから，ストークスの定理により，

$$\int_C \boldsymbol{A}(\boldsymbol{x}')\cdot\mathrm{d}\boldsymbol{x}'-\int_{C'} \boldsymbol{A}(\boldsymbol{x}')\cdot\mathrm{d}\boldsymbol{x}'=\oint_\Gamma \boldsymbol{A}(\boldsymbol{x}')\cdot\mathrm{d}\boldsymbol{x}'=\int_S(\nabla\times\boldsymbol{A})\cdot\mathrm{d}\boldsymbol{S}=\int_S\boldsymbol{B}\cdot\mathrm{d}\boldsymbol{S}\tag{5.7}$$

となって，ループ内での磁場$\boldsymbol{B}$のループのつくる面S上の積分（$\mathrm{d}\boldsymbol{S}$は面積積分要素）になるので，$\boldsymbol{B}=0$である限りその差が消えるからである。それゆえ，$\psi_0(\boldsymbol{x},t)$から解$\psi(\boldsymbol{x},t)$を構成することは経路の指定なしに行うことが

でき，したがって$\psi(\boldsymbol{x}, t)$は$\boldsymbol{x}$（と時間t）のみの関数として決めることができる。つまり，$\boldsymbol{B}=0$の領域では，ベクトルポテンシャルとの相互作用の影響を，波動関数の位相のなかに押し込むことができるというわけである。

ただし，2つの経路C, C'がソレノイドをまたぐ場合は$\boldsymbol{B}\neq 0$の部分をなかに含むので，$\psi_0(\boldsymbol{x}, t)$から解$\psi(\boldsymbol{x}, t)$を構成することは一般にはできなくなる。しかし，ソレノイドの左右で別々に波動関数を構成することはできるから，そのようにして得た左右の波動関数を

$$\begin{aligned}\psi_{\mathrm{L}}(\boldsymbol{x}, t) &= \mathrm{e}^{\mathrm{i}\theta_{\mathrm{L}}(\boldsymbol{x})}\psi_0(\boldsymbol{x}, t)\\ \psi_{\mathrm{R}}(\boldsymbol{x}, t) &= \mathrm{e}^{\mathrm{i}\theta_{\mathrm{R}}(\boldsymbol{x})}\psi_0(\boldsymbol{x}, t)\end{aligned} \tag{5.8}$$

としよう〈**図1**〉。ここで

$$\begin{aligned}\theta_{\mathrm{L}}(\boldsymbol{x}) &= \frac{q}{\hbar}\int_{C_{\mathrm{L}}}\boldsymbol{A}(\boldsymbol{x}')\cdot\mathrm{d}\boldsymbol{x}'\\ \theta_{\mathrm{R}}(\boldsymbol{x}) &= \frac{q}{\hbar}\int_{C_{\mathrm{R}}}\boldsymbol{A}(\boldsymbol{x}')\cdot\mathrm{d}\boldsymbol{x}'\end{aligned} \tag{5.9}$$

はそれぞれソレノイドの左右の経路$C_{\mathrm{L}}, C_{\mathrm{R}}$上の線積分である。

さて，いま地点$\boldsymbol{x}$をスクリーン上にとり，左右の波動関数の重ね合わせを考えると，

$$\begin{aligned}\psi_{\mathrm{R}}(\boldsymbol{x}, t)+\psi_{\mathrm{L}}(\boldsymbol{x}, t) &= \mathrm{e}^{\mathrm{i}\theta_{R}(\boldsymbol{x})}\psi_0(\boldsymbol{x}, t)+\mathrm{e}^{\mathrm{i}\theta_{\mathrm{L}}(\boldsymbol{x})}\psi_0(\boldsymbol{x}, t)\\ &= \mathrm{e}^{\mathrm{i}\theta_{\mathrm{R}}(\boldsymbol{x})}\left(1+\mathrm{e}^{\mathrm{i}(\theta_{\mathrm{L}}(\boldsymbol{x})-\theta_{\mathrm{R}}(\boldsymbol{x}))}\right)\psi_0(\boldsymbol{x}, t)\end{aligned} \tag{5.10}$$

となる。このことから，干渉の強度分布$|\psi_{\mathrm{R}}+\psi_{\mathrm{L}}|^2$は2つの項の相対位相に依存し，それは

$$\theta_{\mathrm{L}}(\boldsymbol{x})-\theta_{\mathrm{R}}(\boldsymbol{x}) = \frac{q}{\hbar}\oint_{\Gamma_{LR}}\boldsymbol{A}(\boldsymbol{x}')\cdot\mathrm{d}\boldsymbol{x}' = \frac{q}{\hbar}\int_S\boldsymbol{B}\cdot\mathrm{d}\boldsymbol{S} = \frac{q}{\hbar}\Phi(\boldsymbol{B}) \tag{5.11}$$

となることから，左右の経路がつくるループΓ_{LR}面を貫く磁束$\boldsymbol{\Phi}(\boldsymbol{B})$に比例することがわかる。したがって，干渉縞の位置（波が強め合ったり弱め合ったりする場所）は，ソレノイド内部の磁場に依存することになる。つまり，ソレノイドのなかの電流を変化させると，外部の磁場は$\boldsymbol{B}=0$のままでありながら，干渉という物理的現象にその影響が現れるというわけである。ちな

みに，このベクトルポテンシャル$\boldsymbol{A}$のソレノイドを含むループ上での線積分が磁束に比例するという事実は，ループ上では$\boldsymbol{B}=0$でも$\boldsymbol{A}\neq0$でなければならないことを物語る[*4]。

アハロノフ-ボーム効果の実験的な実証には，2つの達成すべき条件があった。1つはソレノイド内部の磁場が外部に絶対に漏れないようにすること（現実のソレノイドは有限の長さをもっているので，外部への漏れは完全には防げない）であり，もう1つは荷電粒子のソレノイド中への侵入を禁止することである。これらは長いあいだ実現が難しい条件だと考えられてきたが，1986年に外村彰の率いる日立グループによって，電子線ホログラフィーの手法を用いて見事に達成された。彼らはまっすぐなソレノイドのかわりに，磁場漏れを起こすことのないような，端のないドーナツ状のソレノイドを考案し，これを極低温に冷やして外部のニオブを超伝導状態にすることで，内部に磁場を閉じ込めた（マイスナー効果）。さらに外面を金で覆うことで，荷電粒子（電荷$q=-e$の電子：ここでeは電荷素量）の侵入を禁じた。超伝導体特有の磁束量子化のためソレノイド内の磁束Φは$h/2e$の整数倍という離散的な値しかとれず，それゆえ干渉効果はサンプルの内部磁場の大きさが$h/2e$の偶数倍か奇数倍かの2種類しか起こらない。実験ではさまざまな内部磁場をもつ多くのサンプルが測定されたが，それらの生成する電子線の干渉パターンは，たしかにこれら2種類のみであった〈**図2**〉。この巧妙な実験は，アハロノフ-ボーム効果を厳密に実証するものとして高く評価されている[*5]。

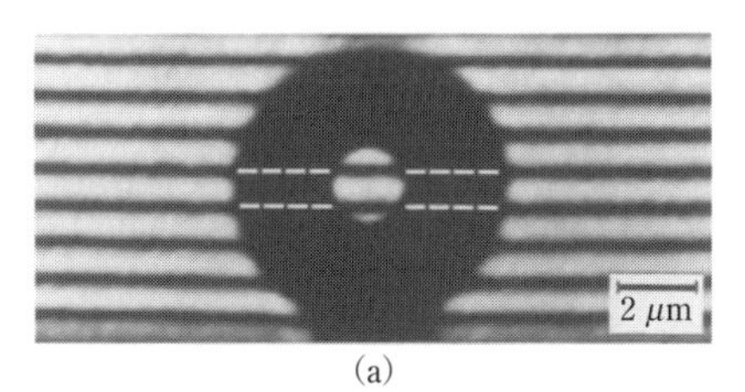

(a)

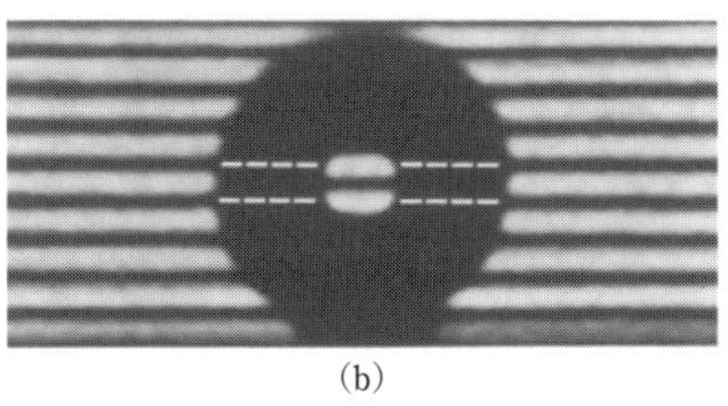
(b)

図2　外村らのドーナツ型ソレノイドの電子線干渉実験の結果。ソレノイド内部の量子化された磁束の量子数の偶奇性により，予想通り2種類の干渉パターン（(a)が偶数の場合，(b)が奇数の場合）が確認できる（文献29より）

*4　具体的には，たとえばソレノイドの軸方向をz方向とする円柱座標(r, φ, z)を用いて，ソレノイド外部のベクトルポテンシャルは$\boldsymbol{A}=\Phi\boldsymbol{e}_\varphi/2\pi r$（$\Phi$はソレノイド内部の磁束，$\boldsymbol{e}_\varphi$は角度$\varphi$方向の単位法線ベクトル）によって与えられる。

*5　この実験を含めたアハロノフ-ボーム効果の全般については，外村らによる優れた解説[29)]がある。

ベクトルポテンシャルの解釈

さてアハロノフ-ボーム効果が実験的に検証されたことは，ベクトルポテンシャルについて何を意味するのだろうか。ベクトルポテンシャルは，それゆえ物理的な実在だといえるのだろうか。たしかに，荷電粒子の存在する領域では磁場は存在しないから，粒子に影響を与え，干渉を変化させられるものとしてはベクトルポテンシャル以外にはあり得ない。このような理由から，量子力学において初めて，ベクトルポテンシャルが実在の場であることが判明したと考えるのはもっともなことであり，直観的にもわかりやすい。

このように考えたうちの1人にファインマンがいる。彼は「物理的な実在」(あるいは彼の言葉では「現実の場」)とは何をさすかについて，それは「**ある一点で**起こる現象が**その点での**数値だけで決まるように定めた1組の数値」であるとした[30)](強調は原文のもの)。これは局所的な相互作用の観点から場の実在性を判定する立場であり，たしかにこの観点では，経路上の電子に局所的な影響を与えることができたのはベクトルポテンシャル$\boldsymbol{A}$のみであり，したがってベクトルポテンシャルは物理的に実在する(現実の)場であるということになる。実際，アハロノフとボームは彼らの論文において，ベクトルポテンシャルこそが物理的に基本的な要素であり，電磁場はこれから導出される副次的な量にすぎないと主張していたのであった[*6]。

しかしながら，先に注意したように，ベクトルポテンシャルにはゲージ変換の自由度だけの不定性が存在するから，ゲージ対称性が維持されている限り，$\boldsymbol{A}$の自由度すべてが実在の物理量であるということはできない。落ち着いて考えてみると，干渉稿に影響するのは相対位相の項(5.11)であり，それはベクトルポテンシャルのループ上の線積分であって,局所的な量ではない。したがって確実にいえるのは，このようなベクトルポテンシャルの非局所的な量，しかもそれを位相因子としてもつ**モジュラー量**(modular value)

$$W(\boldsymbol{A}) = \mathrm{e}^{\mathrm{i}(q/\hbar)\oint_{\Gamma_{LR}} \boldsymbol{A}(\boldsymbol{x}')\cdot \mathrm{d}\boldsymbol{x}'} \tag{5.12}$$

こそが，過不足のない物理的な実在に対応するということである。この解釈は，ヤンらがゲージ場とトポロジーの密接な関係を指摘した論文において提唱された[32)]。

＊6　アハロノフ-ボーム効果の解釈の問題を含め，外村氏の実験の楽しい読みものに文献31がある。

一方，先にみたように，このモジュラー量の位相は磁束そのものであるから，結局のところ，物理的な実在は磁場$\boldsymbol{B}$からつくられる非局所量であるということもできよう。

そもそも，量子力学においては測定可能な量を物理的な存在として尊重する。そして何が測定可能な量かは，測定の状況(context)が決めるものであり，測定を離れて対象系だけで独自に決まるものはないとされる。この観点からは，測定していない電子を実在の粒子と想定し，これと局所的な相互作用をするものを現実の場とするのは，量子力学としては必ずしも正当な議論ではないことになる。実際，近年になってアハロノフはかつての自身の主張を修正し，測定可能量の立場からはベクトルポテンシャルが物理的に実在するとみることはできず，むしろ測定可能な電場や磁場こそが物理的な実在量であるとの見解を示している。そして古典論ではあくまで電磁場が局所的に荷電粒子に作用するのに対して，量子論においては電磁場が**非局所的な作用**を及ぼし得るのだと解釈している[33)]。

今回は話がかなり技術的になり，また物理量の実在性についての解釈を含んで，やや観念的なものになった。しかしながら，ファラデーが提示した実在する電磁場の描像と，彼が重視した「電気活性化状態」としてのベクトルポテンシャルの意義について，200年後のいまもなお議論が続いていることは，電磁気から現代の物理学につながる流れのなかで，知っておくべき重要な事実であると思われる。

第6話

電子の登場：「場」と「粒子」の共存

マクスウェルの後継者たちとエーテル

ファラデーの思想を受け継いだマクスウェルは，電磁気現象の主役に「場」を据えてこれに物理的実体を与えることに注力した。そしてその場，すなわち電磁場を維持し変動させる媒体として，宇宙に充満する**エーテル**を想定した。エーテルはもともと光を伝える媒体として考えられたものであるが，光の伝播速度が電磁場の伝播速度と等しいことが判明して以来，光は電磁波の一種であり，したがってそれらは同じ種類のエーテルが媒介するものと，少なくともマクスウェルや彼の理論の信奉者たちは考えていた*1。

エーテルという考えは，その存在が否定されている現在のわれわれの目には奇異なものに映るかもしれない。しかし，波動現象にはそれを伝える媒体があるとする考えはきわめて自然なものであり，実際に水面の波も音波でも実証されていたことであるから，その例外を電磁波に求めることこそが常識外れなのであった。エーテルと名づけられた何らかの媒体なしに，いったいどのようにして電磁場が静的にも動的にも存在し得るのか，というのが当時の常識人の考えであり，現在でもこれに反論することは容易ではあるまい。マクスウェルの電磁気理論は，とどのつまり，光のエーテルと電磁気現象のエーテルを統一する1種類のエーテルの理論なのであった。エーテルが電場と磁場を生み出し，その特別な形態が光であり，その状態の特異点として電荷が生じる。そしてさまざまな電磁気現象は，このエーテルの力学的な運動状態として理解できるものと想定されたのである。マクスウェル理論のなかには，媒体の性質として誘電率や透磁率が含まれているが，これらはまさしくエーテルの性質なのであった。

しかしながら，その一方でマクスウェルの時代には仮想的ながらも原子や分子の考えが提出され，デイヴィーやファラデーによってつぎつぎに発見される元素や化学反応を整理する便利な概念として，徐々に科学者のなかに浸透していった。近代の原子論を提唱したドルトン（J. Dalton）も，また彼の説を広く普及させた化学者のトマス・トムソン（T. Thomson）も同じ英国人であった*2。マクスウェル自身，1860年には気体分子運動論の仕事をして

*1 前にも述べたように，ファラデーはエーテルを認めていなかったが，電磁場を支えるものが何かについての具体的な考察を行っていたわけではない。

*2 1808年，デイヴィーがシリカから単離した新発見の元素を金属としての語尾をもつ「シリウム」とよぼうとしたとき，それが非金属だとして「シリコン」と命名したのはトマス・トムソンであった。

いるから，エーテルとは別に物質の基本的な形態がどのようなものであり，それが電磁気現象にどのように関与するかについて無関心であったはずはない。彼が電磁気現象を包括的に扱う理論のなかに，原子や分子といった粒子像をもち込まなかった背景には，そのようなミクロな物理的実体がまだ明らかになっていない以上，それらを「均（なら）した」現象論的な理論として定式化しておくべきだという考えもあったようである。

その慎重な態度ゆえか，マクスウェルは彼の理論の予言する電磁波を発生させる実証実験を，職場のキャヴェンディッシュ研究所の実験室において試みていない。彼は光の発生はミクロな動的プロセスによるものであり，たんに振動する電流から派生するものだとは考えていなかった。そのような大胆な方法で電磁波が生じると考えたのは，生来，空想的な想像力の強かったロッジであり，そしてその友人フィッツジェラルドが，純粋に電磁的な手段で電磁波をつくり出す具体的な方法，すなわち輻射（ふくしゃ）の理論をつくって実証実験への道を拓（ひら）くことになる。ともに1851年の生まれのロッジとフィッツジェラルドは，マクスウェルの流儀による電磁気現象の研究を通して生涯の友となり，彼らより1歳年長で電信技術者だったヘヴィサイドとトロイカ体制を組んで，マクスウェル理論の整備と普及に努めた。この“マクスウェリアン”たちが，第5話で述べた1888年の英国科学振興協会のバースでの年会において討議の中心となり，ドイツからのヘルツの電磁波発生の知らせを決定的な根拠として，マクスウェル理論の受容に大きな影響を与えたのである。ヘルツに出し抜かれてしまったものの，ロッジも電磁波発生の実験に年会直前に半ば成功しており，その後，フィッツジェラルドも追試を行っている。そして，彼らは「引きこもり」のヘヴィサイドとも密接に情報交換を行い，あたかもマクスウェル理論の牙城を守る衛兵隊のような役割を果たしていくのである[34)]。

新世代マクスウェリアン：ラーモアの試行錯誤

ここに英国マクスウェリアンの新世代（といってもわずか6, 7年の差だけれど）が加わることになる。ラーモア（J. Larmor）とJ. J. トムソン（J. J. Thomson）の2人がそれである。両人はケンブリッジ大学の同級生で，ともに1880年に学位を得て卒業している。ラーモアは大学の伝統ある数学卒業試験（Mathematical Tripos）で首席（Senior Wrangler）を獲得しており，次席がJ. J. トムソンであった。ちなみに，同じケンブリッジ大学の卒業生であったマクスウェルは1854年の次席，さらにケルヴィンも1845年の次席，そしてストークスは1841年の首席であった。のちにストークスは名誉あるケンブリッジ大学ルーカス教授職に就くが，ラーモアもまた同じ道を歩んでいる。

さて，電磁波理論の確立と実証実験に加えてマクスウェリアンたちが目標としたのは，マクスウェル理論が直面していた電気伝導現象の説明の困難や，光の分散関係など光学的な実験結果との矛盾を解消することであり，これを理論のなかに物質をとり込むことによって実行することであった。すなわち，マクスウェル理論をエーテルの理論ではなく，より現実的なエーテルと物質——そこには原子や分子といった粒子が含まれることになる——の理論に書き換えることである。

この課題に果敢に挑戦したのがラーモアであった〈**図1**〉。数学を好む彼は解析力学の手法に精通し，当時，英国ではあまり普及していなかった最小作用の原理を重要視した。卒業当初は幾何光学の研究を行っていたが，1893年頃から光学現象の理解のために電磁気の理論に興味をもち，友人を通して同じアイルランド生まれのフィッツジェラルドと知り合った[*3]。そしてこれを契機にマクスウェリアンの仲間に入り，つぎつぎにエーテルと物質に関する論文を発表するようになる。ラーモアの初期の考察は，エーテルの渦状態が原子に対応し，その渦度が磁気モーメントに，エーテルの速度が磁力に対応するといったものであったが，そのアイデアは，少し前にケルヴィンが提案し，英国内で一時流行した原子の渦理論に基づいていた。ラーモアの論文はマクスウェリアン仲間，とくにフィッツジェラルドによって詳細に検討され，ケルヴィンからの批判も受け容れて，何度も内容が練り直されることになる。

図1　ラーモア（Joseph Larmor, 1857-1942）

ここで重要なのは，この試行錯誤の過

＊3　ラーモアは英国統治下にあったアイルランドのアントリム州（現在は北アイルランド）生まれ。ケルヴィンも同州の州都ベルファスト生まれ，そしてストークスはやや西のスライゴ州の生まれである。一方，フィッツジェラルドはダブリン生まれで，当地のトリニティカレッジ（ダブリン大学）を卒業し，母校で自然および実験哲学の教授を務めた。

程でラーモアが打ち出した，理論的な整合性からエーテルの渦の中心に電荷を担う粒子があるべしという考えである。ちなみに，電荷には最小の基本単位があり，これをもつ基本的な粒子が存在するという説を，以前からストーニー（G. Stoney）が唱えており，これを**電子**（electron）と名づけていた。フィッツジェラルドはストーニーの甥（おい）であり，彼からこれを知らされたラーモアはこの名を採用し，1894年頃には自分の唱える荷電粒子を電子とよぶようになった。ラーモアは1893年から97年にかけて彼の電子論を3部の連続論文として発表し，その集大成として1900年に『エーテルと物質』を著した[35]。

しかしながら，ラーモアのエーテルと物質の分離構想と電子の導入は，マクスウェリアン仲間にこぞって歓迎されたわけではない。じつのところ，ヘヴィサイドは論文誌『電気技師』（Electrician）から依頼された『エーテルと物質』の書評を断っており，そのお鉢はフィッツジェラルドのところに回された。その裏には，ヘヴィサイドがラーモアの理論形式に抱いていた不満があった。ヘヴィサイドにとっては，エネルギーの概念に支えられた電場と磁場のみが物理的実在であり，非物理的なベクトルポテンシャルを「抹殺」することで，電磁場の方程式を形式上，電場と磁場が双子のような双対的なかたちに書き表すことが重要であった。それゆえ彼の眼には電場の源である電子のみを導入するラーモアの理論は虎の子の双対性を壊すものであり，またラーモアの用いた最小作用の原理の議論は無用の長物のようにみえた。結局のところ，実務家ヘヴィサイドにとって，ラーモアはケンブリッジの高邁（こうまい）な伝統のなかに生きる数理学者であり，本質からそれた余計な概念を弄ぶ者だと思われた。温厚なフィッツジェラルドはこの考えに一定の理解を示しつつも，委ねられた書評のなかで，ラーモアの電子の導入はマクスウェルの電磁気理論において欠くべからざる位置を占めることを認めていた。

じつのところ，電子の導入は英国よりも欧州大陸が少しばかり先行していた。それはこの後に述べるように，1892年にローレンツがエーテルとはまったく無関係に物質内の電子の存在を提議していたからである。ラーモアがローレンツと並んで電子の存在を唱えたことで，英国を含めた欧州全体で電子の研究が注目されるテーマとなった。これを受けて，各地で電子を実験的にとらえる試みがなされるようになったが，その有力な手段の1つに**陰極線**があった。陰極線とは真空放電（希薄な気体中での放電）における陰極から放出される放射線のことであるが，古くからファラデーが注目し，マクスウェルも興味を示していたもので，1874年にクルックス（W. Crookes）が放電管のなかの羽根車が陰極線によって回転するのを確認したことでも知られる[*4]。キャヴェンディッシュ研究所でかつてマクスウェルが務めた教授職に就いていたJ. J. トムソンは，1897年に電場によって陰極線の軌跡が曲げられることを発見し，陰極線の実体が負の荷電微粒子の流れであることを示すとともに，その**比電荷**（電荷eと質量mの比e/m）を測定することに成功した。この実験により，電子の質量が水素原子の1/1000程度であることが判明し，原子とは異なる荷電微粒子としての電子の存在が，いっそう明らかになったのである。

大陸における電子の概念：ローレンツの思想闘争

欧州大陸においては，英国とは異なるプロセスを通して電子の概念が出現した。その立役者はオランダのローレンツである〈**図2**〉。ローレンツは，光が電磁波であればその反射や屈折も電磁気の法則から導かれねばならぬというヘルムホルツの指摘を受けて，ライデン大学での学位論文のテーマに電磁気理論に基づく光の反射と屈折の問題を選んだ。そしてこの研究を通して，大陸で支配的だった遠隔作用論の立場に立ちつつも，マクスウェル理論の優位性を実感することになる。しかし同時に，英国のマクスウェリアンたちも意識したマクスウェル理論のマクロ的，現象論的な問題点に気づき，物質のミクロ的な構造から光学的な性質を導く研究に向かうことになった。

図2　ローレンツ（Hendrik Lorentz, 1853-1928）

この研究において重要な役割を果たすのが**スペクトル線**の問題である。スペクトル線の研究は，1802年のウォラストンによる太陽の可視光連続スペクトル中の暗線（フラウンホーファー線）の発見を嚆矢（こうし）とし，その後の太陽元素の同定や微量元素の発見への道を切り拓（ひら）くものと

＊4　余計なことだが，英国では当時，一部の科学者が熱心に心霊現象を研究し，心霊現象研究協会を設立した。クルックスはその創立メンバーであり，会長にもなった。ロッジもその一員であり，後年，やはり会長を務めている。

なった。とくにブンゼン(R. Bunsen)による効率的なガスバーナー(ブンゼンバーナー)――デイヴィーとファラデーの設計を改良したもの――の発明は，19世紀半ば以後の研究の発展を著しく促進させた。たとえば現在，原子時計に使われているセシウムは，1860年にブンゼンとキルヒホフ(G. Kirchhoff)らが発見した空色の輝線をもつ元素(「セシウム」は空色のラテン語)であり，彼らは翌年には暗赤色の輝線をもつルビジウム(「ルビジウム」は暗赤色のラテン語)も発見している。物質に特有な輝線は暗線ともなることが知られたが，これらを説明するために，ストークスは物質の分子が固有の振動数をもつ振動体になっているというモデルを提案し，ケルヴィンもこのモデルを用いて光の分散現象を論じていた。

マクスウェル理論では電磁場を決める要件として(エーテルの状態によって生じる)電流と電荷，および媒体の性質を規定する誘電率のような定数がいくつかあるのみであるから，これを用いてスペクトル線のような光学的現象を説明するには，電荷をもつ振動体が別に必要になる。このことからローレンツは，物質の分子や原子には一定の範囲で振動できる電荷をもつ微粒子が存在すると考えた。つまり，彼はエーテルとはまったく別の物理的要素として，物質の電磁気現象を生み出すものとしての粒子を導入し，電磁気理論をエーテルと粒子の2本の脚の上に立つものとしたのである。

このような荷電微粒子(当初はイオンとよばれた)の物理的効果を知るには，それらが電磁場中でどのような力を受けるかを知る必要がある。今日，**ローレンツ力**として知られる式

$$\boldsymbol{F}(\boldsymbol{x})=q\left(\boldsymbol{E}(\boldsymbol{x})+\frac{\mathrm{d}\boldsymbol{x}}{\mathrm{d}t}\times\boldsymbol{B}(\boldsymbol{x})\right) \tag{6.1}$$

は，このような要請に基づいて，電場$\boldsymbol{E}$，磁場$\boldsymbol{B}$のもとでの電荷qの粒子の存在($\boldsymbol{x}$は粒子の位置)を前提として書き下されたものであった。この荷電微粒子は，原子や分子のつり合いの位置を中心として単振動し，その力学的運動によって特有の振動数の電磁波を放出し，また吸収するものとされた。ローレンツは1892年にこのような荷電微粒子を含むモデルを提出し，荷電微粒子を加えたマクスウェル理論が光の分散を含め，当時知られた物質による光学現象を滞りなく説明することに成功した。

その後，1896年になってかつてローレンツの学生だったゼーマン(P. Zeeman)が，ナトリウムのスペクトル線が強磁場のなかで複数に分裂することを発見した。これをローレンツに報告したところ，ただちに彼自身のモ

デルを用いて分析し，それが観測されたスペクトル線の分裂と偏光状態を正しく説明することを示した。その概要を述べると，まず荷電微粒子の質量を$\boldsymbol{m}$，単振動のばね定数を$\boldsymbol{k}$，磁場中のローレンツ力を$\boldsymbol{F}(\boldsymbol{x})$とするとき，運動方程式は

$$m\frac{\mathrm{d}^2\boldsymbol{x}}{\mathrm{d}t^2}=-k\boldsymbol{x}+\boldsymbol{F}(\boldsymbol{x}) \tag{6.2}$$

で与えられる。ここで$\boldsymbol{E}=0$としたローレンツ力(6.1)を代入し，粒子の電荷を$q=-e$，ばね定数を$\boldsymbol{k}=\boldsymbol{m}\omega^2$とおいて解くと，磁場の方向には角振動数$\boldsymbol{\omega}$で振動し，磁場と垂直な平面内では2種類の角速度$\boldsymbol{\omega}_{\pm}$で逆方向に円運動する解が得られる（その導出は比較的簡単なので，しばしば教科書にとり上げられる[*5]）。この2つの円運動の角速度の差は，磁場の強さ$B=|\boldsymbol{B}|$を用いて

$$|\omega_{+}-\omega_{-}|=\frac{eB}{m} \tag{6.3}$$

と表されるから，実験との比較によって比電荷e/mを知ることができる。さらにローレンツは分散理論と実験値を比較してe^2/mを定め，これと比電荷の値から微粒子の電荷$-e$と質量mを求めた。eの値は電気分解から知られた素電荷の値に近く，またmは原子質量に比べて著しく小さな値であったことから，英国のJ. J. トムソンとは独立に（やや先立って），電子の存在が明らかにされていたことになる。またこれに加えて，陰極線を用いた巧妙な実験がレーナルト（P. Lenard）によってなされ，電子が負電荷をもつ原子の構成要素であることが実証されている。

ローレンツによる電子像の導入は，英国のマクスウェリアンたちのような場やエーテルへの執着が欧州大陸では比較的少なかったことが，これを促進した一因とみられるが，逆にこれを阻害する要因もあった。それは第4話にも述べたオストヴァルトらが唱え，科学者のあいだに影響力を強めていたエネルギー一元論の存在である。これは熱力学の成功から，圧力や温度など直接的に測定可能な量のみに基づいて物理科学の基礎を構築すべしという考えであり，エネルギーをその中心概念としていた。このような実証主義的立場

---

*5　さらに荷電粒子の運動と電磁場の輻射の関係式（こちらはかなり複雑な導出を要する。たとえば文献36を参照）を用いて，おのおのの運動の形態から放射される電磁場の偏光状態までも定めることができる。

からは，直接的に測定できない原子や分子，そして電子のような存在は非科学的だとして批判の対象となった。オストヴァルトらは1890年代に熱心にこの立場を唱道したことから，ローレンツはまさにその最中に，この実証主義的ドグマとの思想闘争に打ち勝って，電子を電磁気現象の基礎理論のなかにもち込むことに成功したことになる。のちに熱力学と量子論の橋渡しをしたプランク（M. Planck）も，このエネルギー一元論との論争に加わることになるが，その実証主義や認識論的立場は，20世紀以後の物理学者にも少なからぬ影響を及ぼしている。

世代の問題と日本の状況

これまで述べたように，電磁気理論における電子の導入は，1880年代の後半から10年あまりの短期間に，理論と実験との両面において急速に行われた。20世紀前半の量子力学の創成のときもそうであったが，このような場合，変革の作業に参画する研究者の世代はきわめて限られたものになる。今回，マクスウェルの電磁気理論における電子の導入の関係で名前の挙がった研究者を生年順に並べたものが〈**図3**〉であるが，1850年生まれのヘヴィサイドから1865年生まれのゼーマンまで約15年のあいだの世代がこれに関与し，とりわけ1850年代生まれがその中心であった。

さて，ここで同世代の日本における物理学者について，少しばかりふれておくことにしよう。周知のように，明治維新後の日本の物理学の研究の始ま

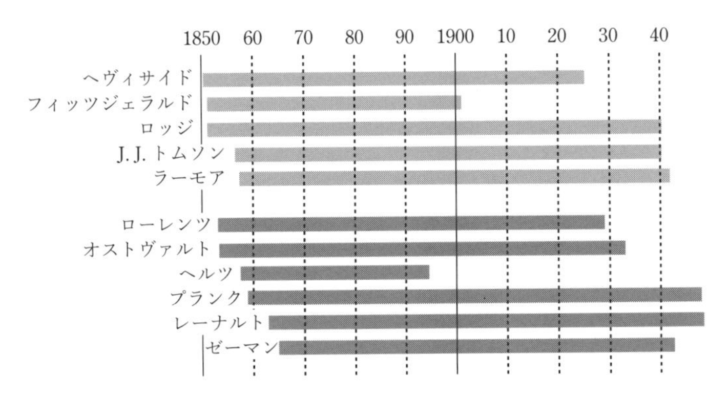

図3　マクスウェルの電磁気理論に基づいて電子の導入に関与した人々。上側の薄い灰色の線は英国の研究者。下側の灰色の線は大陸の研究者。オストヴァルトとプランクは電子の導入とは無関係であるが参考のため入れてある

りは，高等教育に洋学が導入され，開成学校が東京大学に改組された明治10年まで待たねばならない。当時の教員の多くはお雇い外国人教師であったが，初期の物理の教授にメンデンホール（T. Mendenhall）がおり，教授補は山川健次郎，そして学生のなかに田中舘愛橘がいた。山川は1854年（嘉永7年）に会津藩士の家に生まれ，開成学校に着任する前にイェール大学に留学している[*6]。また田中舘は山川の2歳下で，1856年（安政3年）に南部藩士の家に生まれ，物理学科の第1期の卒業生としてグラスゴー大学のケルヴィンのところに留学した。彼らはローレンツやJ. J. トムソン，ラーモア，ヘルツらと同世代であったが，欧州の研究現場の最前線から遠かったため，問題意識と研究知識を共有することができず，同時代に電磁気学の発展に寄与するには至らなかったのはやむを得ない[*7]。メンデンホールは太陽スペクトルや地球物理学（地震学）の研究を行い，明治13年に米国に帰国した後は気象学や計量学にも手を伸ばした。彼の製作した高精度の時計は，マイケルソン（A. Michelson）の光速度の精密測定に用いられたという。

しかし興味深いのは，帰国したメンデンホールのかわりに電磁気学を教えたユーイング（J. Ewing）である。彼はスコットランドのダンディーで1855年に生まれ，エディンバラ大学で学び，卒業後はケルヴィンの助手として大西洋ケーブル敷設事業に参画していた。東京大学では機械工学を教えていたが，電信技術の経験があって電磁気学にもくわしかったものとみえ，その意味ではヘヴィサイドと一脈通じている。彼は東京大学在任中に世界で最初の近代的地震計を（仲間2人と）設計・製作したことで知られるが，さらに金属磁化の研究を行い，磁気ヒステリシスを発見している（「ヒステリシス」は彼の命名による）。その経緯は田中舘の回顧録[38]にくわしいが，田中舘もいうように，この日本発の学問的業績が広く知られていないのは遺憾（いかん）としなければならない。惜しむらくは，メンデンホールにせよこのユーイングにせよ，明治政府の方針ゆえか日本に長く居つかなかったことで，彼らのような優秀な若い学者が短期間で帰国したことは，その後の日本人の物理研究者の養成と研究環境の整備を進めるうえで，極めて残念なことであった。

＊6　当時，イェール大学にはギブス（J. Gibbs）がおり，山川とも個人的に面識があったようである[37]。

＊7　それが可能になるのは，ゼーマンと同じ1865年生まれの長岡半太郎あたりからになる。

第7話

世紀末の物理：量子論の夜明け

19世紀末における物理学変革の兆し

英国でラーモアが電子の概念を導入し，大陸でローレンツが電子論を展開してゼーマン効果の説明に成功した19世紀末は，物理学を変革する新発見の雪崩現象が起きた時代でもあった。電子の実在を裏づけたJ. J. トムソンの陰極線の研究が結実したのは1897年であるが，2年前の1895年に，陰極線の引き起こす蛍光現象からレントゲン（W. Röntgen）がX線を発見していた。その翌年，この蛍光現象の観察中にベクレル（A. Becquerel）がウラン塩からの放射線を見つけると，1898年にはキュリー夫妻（M. & P. Curie）らがトリウムやラジウムといった新たな放射性物質を発見する。

そしてその後の10年ほどのあいだに，これらの放射線がアルファ線，ベータ線，ガンマ線の3種類に分類され，それぞれの正体が，ヘリウム原子核，電子，電磁波であることが判明した。またこれらの発見過程で，原子の崩壊現象には元素の変換がともなうことがあり，そのさいに放出される放射線のエネルギーが莫大（ばくだい）なものであることや，崩壊する原子数の指数関数的な時間変化$N(t)=N_0 e^{-\alpha t}$（ここで$\alpha>0$は定数）が原子の生成年齢とは無関係な確率事象であることが明らかになった。こういった事情で，マクスウェルの電磁気理論を補完する観点から導入された電子によってようやく緒についたばかりの原子構造の解明の必要性が，これらの新奇な現象を説明するために，一気にクローズアップされてきたのである。

その一方で，原子の存在について，ヘルムやオストヴァルトらの唱える「エネルギー一元論」からの否定論が喧（かまびす）しくなったのも，この世紀末の時代であった。彼らの思想的基盤は熱力学というエネルギーを根幹とする物理学の体系の普遍性にあったが，その思想は原子の存在の有無よりも，むしろ理想的な物理理論のあり方を問ううえで当時の科学者の共感をよび，大陸だけでなく英国でも支持を拡（ひろ）げていたことは前回も述べた通りである。

ところが，時を同じくしてその御本尊の熱力学自体が，19世紀後半に登場したマクスウェルの気体分子運動論やボルツマン（L. Boltzmann）の統計力学との整合性，さらに熱力学第2法則の示唆する時間の矢の向きと平衡状態への移行に関する未解決問題などを巡ってゆらいでいたのである。熱せられた地球の平衡状態への移行速度の問題は，当時の地球の推定年齢と，非常に長い年数を要するダーウィン（C. Darwin）の進化論との矛盾を引き起こし，進化論を否定する立場にあったケルヴィンもこの論争に関与していた。オストヴァルトらエネルギー一元論派とボルツマンら原子論派の両陣営が論戦をくり広げたドイツ自然科学者・医学者協会年会が開かれたのは，この騒動の最中の1895年のことであった。

19世紀末の物理学者の認識を知るうえで，1900年4月のケルヴィンの王立研究所における講演[39]がしばしば引き合いに出される。「熱と光の動力学理論に懸かる19世紀の暗雲」と題されたこの講演で，ケルヴィンが挙げた暗雲は2つ：その1つはエーテルと地球の運動の問題（1887年のマイケルソン-モーリーの実験で，地球の運動によるエーテルの流れが検知されなかったこと）であり，もう1つはエネルギー等分配則と実験との齟齬の問題であった。ケルヴィンの講演は，19世紀末の物理学の状況を網羅的に総括し，残された問題点を整理するというような大上段に構えたものではなかったが，長らく19世紀後半の物理を世界的にリードしてきた長老の現状把握として重く受けとめるべきものであった。実際，この1つ目の問題への対応から相対性理論が生まれ，2つ目の問題を本格的に解決する過程で量子論が必要となったのである[40]。

このケルヴィンの講演と並ぶ記念碑的な講演に，1901年のリュッカー（A. Rücker）によるグラスゴーでの英国科学振興協会年会における会長就任演説がある[41]。新世紀を迎えた同年に大英帝国の繁栄を象徴したヴィクトリア女王が亡くなるという事情もあってか，19世紀の科学の概括から始まり，科学の成果や科学の理論とはどうあるべきかといった問題提起がなされた。その中心課題は原子の実在性，熱の本性，そしてエーテルの存在問題であったが，少なくとも原子についてはさまざまな実験結果から，その実在性は十分に確立されたとしてよいだろうと結んでいた。

これと逆の見解を表明したのが，ポアンカレ（H. Poincaré）の1902年の著作『科学と仮説』[42]である。そのなかで彼は当時，話題になっていた電磁気的慣性の問題にふれて，物質の質量概念が曖昧になってきたことを根拠に，「最近の…もっとも驚くべき発見の1つは，物質が存在しないことである」とし，「粒子はエーテル内の空虚に過ぎず，エーテルだけがただ1つの実在，ただ1つの慣性を与えられたものだから」とした。これら大御所たちの見解からもうかがえるように，19世紀末から20世紀初頭にかけては，原子の存在といった基本概念にさえ認識の混乱があり，そのなかから漠然とながらも物理学上の大きな変革の兆しがみえてきた時代だったのである。

さてここで当時の科学研究の背景となる社会的状況を思い起こすと，英国で始まった産業革命の波が欧州全体に拡がり，その牽引者が英国の手からドイツに移りつつあった。その中心は機械工業や鉄鋼業であったが，これに通

図1　ベルリンの帝国物理工学研究所。外観(左)。右は所内の「光」研究班の研究室で，右側の台上(小さく「A」と書かれた箇所)に白い円筒状の黒体空洞がみえる(文献43から引用)

信や(鉄道網など)交通の急激な発達がともない，さらにはガスや電気による照明の普及も急速に進んでいた。いうまでもなく，これらを支えたのが熱力学や電磁気学の研究者であり，またその周辺の技術者たちであったから，諸国はこぞって科学技術者を育てる教育体制を整備し，大学や研究所での研究体制を拡充させるようになった。

その1つの現れが，1887年，新興国ドイツが初代所長にヘルムホルツを迎えてベルリンに創設した帝国物理工学研究所(Physikalisch-Technische Reichsanstalt)である〈**図1**〉。この研究所は世界最初の国立研究所であるが，発明家で事業家のジーメンス(W. von Siemens)の財政支援によって設立され，その中核たる物理研究部のテーマは「熱」「電気」「光」の3本立てとされた。1890年代に入ると，このうち「熱」研究班では熱力学に依拠した温度測定基準の確立をめざし，「光」研究班では測光技術の開発とその標準化を研究することになった。プランク〈**図2**〉がベルリン大学で教職を得たのは1889年であり，その翌年には彼のヘルムホルツ研究室時代の親しい後輩だったヴィーン(W. Wien)が，この物理工学研究所に助手として採用された。プランクも同研究所の理論顧問を兼任して

図2　プランク(Max Planck: 1858-1947)，1900年頃(出典：American Institute of Physics, Emilio Segré Visual Archives)

ヴィーンや彼の同僚と密接に情報交換を行ったが，このことが次に述べる黒体輻射(ふくしゃ)のプランク分布の仕事につながることになる。

プランクと量子仮設

プランクは熱力学第2法則に関する研究でミュンヘン大学において学位を取得し，その後『熱力学講義』などの教科書を著した熱力学の専門家であった。熱力学の根幹は第1法則であるエネルギー保存則と，第2法則であるエントロピー増大則であるが，盤石な第1法則に比べて，第2法則は（時間の向きの反転に対して不変な）力学や電磁気学の基本法則と齟齬があることから，彼はこれを何とか確固たるものに定式化し直したいと考えていた。熱力学を重視する立場からエネルギー一元論に親近感を感じていた彼であったが，第2法則を巡ってボルツマンと議論を重ねるなかでその限界に気づき，徐々にそのドグマから疎遠になっていった。そして後年，エネルギー一元論やその支持者であったマッハ（E. Mach）の思想を厳しく批判するようになる。

ベルリン大学に着任した2年後にキルヒホフの跡を襲って教授となったプランクは，しばらくしてキルヒホフが着手し，物理工学研究所で実証的な研究が進められていた**黒体輻射**[*1]の問題を研究テーマに選んだ。彼がこれに注目した理由は，先に述べた時代的な要請に加えて，この研究を通して熱力学を盤石にするための手がかりを得られるものと考えたからである。

彼の黒体輻射の出発点は，黒体中で任意の物体を任意の位置に配置させて平衡状態にしたとき，その熱輻射は温度と波長だけから一意に決まり，物体の種類や配置には依存しないというキルヒホフの定理にあった。プランクの目には，このような熱輻射のエネルギースペクトルは自然界の絶対的な性質にかかわるものであり，研究目的としてもっとも美しい（schönste）ものと映った。また輻射の本質が連続的な電磁場の振動現象であることから，不連続性をもつ気体分子の構造がもたらす曖昧さから逃れられるものと期待された。

プランクがこの研究に着手した頃には，すでにヴィーンが2つの優れた仕事を発表していた。その1つはヴィーンの変位則で，振動数区間「$\nu, \nu + \mathrm{d}\nu$」

＊1 「黒体」（black body）とはあらゆる波長の熱輻射（電磁波）を完全に吸収する理想的な物体のこと。これはキルヒホフの命名によるもので，この黒体が熱平衡にある場合，その温度によって決まる特有の波長分布をもつ。これを「黒体輻射」とよぶ。

の輻射のエネルギー分布密度$u(\nu, T)$の絶対温度Tへの依存性が，ν/Tという商を変数とする関数$f(\nu/T)$を用いて$u(\nu, T) = \nu^3 f(\nu/T)$と表されるとするものである。これより，輻射エネルギーを最大にする波長λ_{max}と温度Tとの積はつねに一定になることが導かれ，それから最大波長λ_{max}の温度依存性が決まることからヴィーンの変位則とよばれた。もう1つは，この関数$f(\nu/T)$が指数関数に比例するとするもので，これより分布密度$u(\nu, T)$は定数$a, b,$ および光速度cを用いた**ヴィーンの分布則**

$$u(\nu, T) = \nu^3 b \mathrm{e}^{-a\nu/T} \tag{7.1}$$

で与えられることになった。2つの定数a, bの値は，実際の計測から定められ，その結果，この分布則は広い振動数の範囲で研究班の測定結果と非常によく合致した。

さて，この2つのヴィーンの仕事のうち，前者の変位則のほうは電磁気学での放射圧の公式と熱力学的考察に基づいて導かれたもので，プランクのみならず，多くの研究者から信頼できるものとみなされた。しかし後者の分布則は，マクスウェルの気体分子運動論をモデルにして輻射を行う主体を分子だと想定し，その速度と輻射の波長には関係があり，かつ分子の速度はマクスウェル分布に従うといった，かなり乱暴な仮定に基づいて導かれていた。プランクはこれに不満を抱き，電磁気学と熱力学の枠内でヴィーンの分布則を導こうとしたのである。

これを達成するため，彼は基本的な前提として，空洞内で電磁波と相互作用して振動する**共鳴子**（vibrating resonator）を考えた。共鳴子は同じ振動数をもつものが多数あり，また全体として任意の振動数に対応するものが存在するとする。同じ振動数をもつ多数の共鳴子はそれら自身で平衡状態にあり，また個々の共鳴子と電磁波とのあいだにも同じ振動数のものどうしでエネルギーの授受があり，その結果，任意の振動数をもつ電磁波の系が個々の振動数ごとに熱平衡に達すると考えるのである。このことより，振動数νの共鳴子の熱平衡における平均エネルギーを$U(T)$とし，対応する輻射のエネルギー分布密度を$u(\nu, T)$とするとき

$$u(\nu, T) = \frac{8\pi\nu^2}{c^3} U(T) \tag{7.2}$$

という関係式が導かれる[*2]。これで$U(T)$さえ決められれば，求めたい$u(\nu, T)$が得られるという算段である。

ここで共鳴子の正体が気にかかるが，プランクはヘルツの実験で用いられた双極子型の振動子を抽象化したものを想定し，必ずしも空洞の壁を成す物質を共鳴子としてモデル化したものではないようである。ローレンツらによる電磁場と相互作用する原子や分子のモデルが種々の物理的性質を説明することに成功していたから，黒体輻射の考察においても，これに類したモデルを想定していたとしても不思議ではない。しかしながら，当時はまだ原子の実在が確定しておらず，また熱力学を物理学の主軸に据えようとする彼の立場からも，ボルツマン的な原子論をもち出すことには抵抗があったものと思われる[*3]。

この方法のもとで，1899年にプランクは共鳴子の**エントロピー** $S(U)$ を，ヴィーンの分布則が導かれるように求め，形式的ながらもヴィーンの分布則にお墨つきを与えることに成功した。しかし喜びもつかの間，翌年になるとヴィーンの分布則が長波長側で実験とずれていることが判明する。早速，プランクはヴィーンの分布則を改訂して全波長で実験と合う表式をひねり出したが，これはまったく付け焼き刃的なものであり，これまでの彼の方法論からは論理的に導出することができない表式であった。苦慮した結果，プランクが最後のよりどころとしたのは，原子論的だとしてそれまで忌避していたボルツマンのエントロピーの考え方であり，それは世紀末も押し迫った1900年12月のことであった。

ここでボルツマンの方法でエントロピーを求めるため，振動数の等しい N 個の共鳴子からなる系を考え，それらの全エネルギーを $U_N = NU$，全エントロピーを $S_N = NS$ とする。ボルツマンによれば，W をエネルギー U_N をもつ系の状態数，k を定数とすれば，系のエントロピーは

---

*2　プランクは右辺の比例係数を電磁波と相互作用する共鳴子の力学的な考察から求めたが，その手続きは近似も使いかなり複雑である。そのかわりに（論理的な筋は異なるが）輻射のモード数を勘定して求めることも可能であり，ずっと容易なので標準的な教科書にはこちらが採用されている。ただし，より安直には，次元解析 $[u(\nu, T)]/[U(T)] = \mathrm{L}^{-3}\mathrm{T}$（ここでL, Tはそれぞれ長さと時間の次元をもつ量を表す）に基づいて，これと同じ次元をもつ ν^2/c^3 に電磁場の偏光の自由度2と輻射角度 4π を掛ければ，ただちに問題の比例係数が得られる。

*3　黒体輻射に関するプランク分布の導出過程については，多くの科学史家や物理学者らによって詳細に調べられており，史実の誤解や教科書の記述の誤りも指摘されている。たとえば，プランクの分布則は，短波長側ではヴィーンのものに一致し，長波長側ではレイリー-ジーンズの分布則に一致するよう，両者を内挿してつくられたとされることがしばしばある。しかし，歴史的には1900年にレイリー卿（Lord Rayleigh; J. Strutt）が提案した分布則をプランクが知っていたかどうかは明らかではない（少なくとも彼の論文では引用していない）。これらの点については，近年の研究では定評のある文献44や45が，また和書では文献46が参考になる。

$$S_N = k \ln W \tag{7.3}$$

で与えられる。ここで，もし各共鳴子へのエネルギー分配が自由に連続的に行えるならば，状態数Wは無限大になってエントロピーは計算できなくなる。これを回避するためにプランクが行ったことはきわめて重要なので，直接，彼の言葉を引いておこう[47]。

> ……このためには，U_Nを連続の制限なしに分割可能なものと考えるのでなく，離散的な，整数個の有限な等しい部分からなる量と考えることが必要である。そのような一つの部分をエネルギー要素εと呼ぶなら，それによりつぎのように置かねばならない。
>
> $$U_N = P \cdot \varepsilon \tag{7.4}$$
>
> ここでPは整数で一般に大きな数を意味するが，εの値の方はきめないでなおそのままにしておく。

これが量子論の幕開けを告げたプランクの**量子仮設**である。ここでは明らかに共鳴子のエネルギーが単位要素εの整数倍に限定されており，εを最終的に$\varepsilon \to 0$としない限り，エネルギーの量子化が導入されたことになる。論文中に掲載された分配例を〈**図3**〉に示しておこう*4。

このようにすると，WはP個のエネルギー要素をN個の共鳴子で分配する場合の数となり，ただちに

1	2	3	4	5	6	7	8	9	10
7	38	11	0	9	2	20	4	4	5

図3　プランクの原論文[47]にある$P = 100$，$N = 10$の場合の分配例

*4　プランクはこの論文に先立つ講演[48]では「商(U_N/ε)が整数でなければ，Pに対してこの商に一番近い整数をとる」としており，このことから見て，必ずしもエネルギー量子化を考えていたわけではないという推測も成り立つ。また後年，この問題を再考して，重要なのは位相空間上の古典周期軌道のつくる面積（すなわち「作用」）の量子化だとする立場に移行したようだが，ここでは深追いしない。プランクの個人的な考えの変遷や，彼の「量子仮設」の意義についてはさまざまな解釈がある（たとえば文献45, 49, 50を参照）。

$$W = {}_{N+P-1}C_P = \frac{(N+P-1)!}{(N-1)!P!} \tag{7.5}$$

と求まる。ここで$n \gg 1$に対するスターリングの公式$n! \simeq \sqrt{2\pi}n^{n+1/2}\mathrm{e}^{-n}$をさらに粗くした近似式$n! \simeq cn^n\mathrm{e}^{-n}$（$c$は定数）を用い，$P/N = U/\varepsilon$に注意すると，1個の共鳴子あたりのエントロピーは

$$S = k\left\{\left(1+\frac{U}{\varepsilon}\right)\ln\left(1+\frac{U}{\varepsilon}\right) - \frac{U}{\varepsilon}\ln\frac{U}{\varepsilon}\right\} \tag{7.6}$$

となる。さらに温度とエントロピーの関係式を用いると

$$\frac{1}{T} = \frac{\mathrm{d}S}{\mathrm{d}U} = \frac{k}{\varepsilon}\ln\left(1+\frac{\varepsilon}{U}\right) \Rightarrow U = \frac{\varepsilon}{\mathrm{e}^{\varepsilon/kT}-1} \tag{7.7}$$

となり，これより式(7.2)を用いて輻射の分布関数$u(\nu, T)$を得ることができる。その結果とヴィーンの変位則あるいは短波長側で正確だったヴィーンの分布則(7.1)とを見比べれば，ただちにエネルギーの単位要素εは振動数νに比例していなければならないことがわかる。その比例定数をhとして$\varepsilon = h\nu$とおけば，輻射のエネルギー分布関数が

$$u(\nu, T) = \frac{8\pi h\nu^3}{c^3}\frac{1}{\mathrm{e}^{h\nu/kT}-1} \tag{7.8}$$

というかたちで求まるが，これが**プランク分布**である。さらにヴィーンの分布則(7.1)との係数比較により$8\pi h/c^3 = b$，$h/k = a$となるから，実験から定まるa, bの実測値を代入することで，今日，**プランク定数**，**ボルツマン定数**とよばれる2つの基本定数h, kの値を定めることができる。実際，このときにプランクの求めた値$h = 6.55 \times 10^{-27}$エルグ･秒，$k = 1.346 \times 10^{-16}$エルグ/度は，現在のものと比べて2%程度の誤差内にある精確なものであった。

さて，この著しい成果をもたらしたプランクの議論は，はたしてどこまで論理的に筋の通ったものだったのだろうか。また量子仮説の本質はどこにあるのだろうか。これらの疑問は，上の議論に目を通した現在の読者だけでなく，おそらく当時，彼の仕事に注目した研究者たち（けっして多くないが）の頭にも浮かんだであろう。ほかならぬアインシュタインもその1人であった。この非常に興味深い問題に関するアインシュタインの卓抜な考察と，彼が見通したプランクの仕事のもたらす物理学の変革の予兆——それは現代の

量子力学の根幹につながる——については，話をあらためて述べることにしよう。

第8話

アインシュタインの登場

プランクの玉手箱とアインシュタイン

第7話では1900年のプランクの**エネルギー量子仮設**に至るまでの過程と，そのさい，プランク分布則を導くために用いた彼の議論を紹介した。この画期的なプランクの論文は，プランク分布則が短波長から長波長まであらゆる波長領域での黒体輻射(ふくしゃ)の実験結果をよく再現したために，当時の研究者には現象論的な仕事として受け止められ，これを理論的に裏づけようとしてもち込んだ彼の仮設に対する大きな反発はなかった。裏返せば，量子仮設の意味については深く追究されることもなく，プランク自身も(プランク定数hの自然定数としての重要さを別にして)それが大きな物理学上の変革につながるものだとは考えていなかった。そのような状況にあって，プランクの導出の問題点や量子仮設のもたらす意味について考え抜いたほとんど唯一の人間がアインシュタインなのであった。

そこでこの第8話と第9話の2回にわたり，量子仮設の意義を執拗(しつよう)に追い求め，その革命的性格を誰よりも早く，かつ実証的に論じたアインシュタインの議論の道筋をたどることにしよう。結局のところ，アインシュタインが行ったのは，プランクがそれとは知らずに残した恐るべき玉手箱の蓋を開けることであった。その玉手箱には，電磁場の輻射や原子の構造などに関する美しい宝石がいくつも入っていたが，しかしひとたびその蓋を開ければ，二度とあの懐かしい古典物理の世界にもどることはできなくなるものであった。

エネルギー量子から光量子へ

1879年生まれのアインシュタイン〈**図1**〉は，彼が大学を卒業した頃にはすでにベルリン大学教授になっていたプランクよりも21歳若く，より自由で大胆な発想の持ち主であった。ドイツ南部の町ウルムに生まれた彼がチューリッヒ連邦工科大学を卒業したのは，ちょうどプランクが黒体輻射の一連の論文を書いていた頃であり，スイスの市民権を得た翌年早くには，プランク分布や量子仮設の論文が出版されていた。卒業後，大学での職探しに失敗[*1]したアインシュタインは，工業高校の非常勤講師や家庭教師をしながら糊口(ここう)をしのぎ，ようやく2年後の1902年，ベルンの連邦特許局に職を見つけて働

*1 彼はライプツィヒ大学のオストヴァルトに助手としての採用を依頼する手紙を出したが，オストヴァルトは返事を書かなかったようである。しかし，のちにいち早くアインシュタインをノーベル賞に推薦したのはオストヴァルトその人であった。

き始める。この頃，彼の興味の中心は液体表面や電気分解の熱力学であり，また統計力学の基礎にあった。彼自身，当時を振り返って「私の主要な目的は一定の大きさをもった原子の存在の事実を発見することであった」と述べている[51]。彼がたんに原子の存在を「立証すること」とせず，その「事実を発見すること」としているのに注意したい。一般に考えられているようにアインシュタインは抽象的な原理や理論的整合性のみを尊重したのではなく，つねに物理的事実をともなってそれを立証したいと考えていた。その態度は彼の量子論の展開とその批判的検討においても，また相対性理論を提唱するさいにも一貫している。

図1　1904年のアインシュタイン

そして1905年の「奇跡の年」がやってくる。この年彼が提出した6本の論文のうち，**光量子仮設**の論文はその冒頭を飾るものであった[*2]。のちに「光電効果の論文」として知られ，ノーベル賞の受賞理由ともなるこの論文は，じつのところ，光電効果の論文とよぶべきものではない。というのも，光量子の概念を提議したこの論文[52]は「光の発生と変換に関する1つの発見法的な観点について」と題され，光量子という発見法的な観点が主題であって，光電効果はいわばその実証として論じられた例の1つにすぎないからである。それが光電効果の論文として脚光を浴びることになった理由は，光電効果の現象が，当時，注目を集めた話題であったことと，当初，アインシュタインの理論的説明に懐疑的だったミリカン（R. Millikan）がアインシュタインの予言通りの性質を実験的に確認し（1915年に報告），このことが多くの研究者に強い印象を与えたことが挙げられよう。その一方，肝心の光量子仮設のほうには疑念を抱く者が多く，ノーベル賞受賞時の1922年[*3]においてさえも，一般に受容されていたとはいいがたかった。プランクの量子仮設は，電磁場と相互作用する物質の共鳴子のエネルギーの量子化であったが，当時

＊2　1905年のこのほかの論文は，特殊相対性理論の論文が2本，分子の大きさの決定法の論文（これが博士論文となる），そしてブラウン運動の論文2本であった。

は光の発生や変換現象は精確に理解されておらず，それゆえ正しい黒体輻射の分布式を得るためのたんなる作業仮設として寛(ゆる)やかに(冷たく？)放置された。これに対してアインシュタインの光量子仮設は，全幅の信頼がおかれているマクスウェル理論の(相互作用のない自由な)電磁場の量子説を唱えるものであり，実在する場という連続量に離散的な描像を与えようとするものであることから，もともとすんなりと受け容(い)れられるはずはなかった。

アインシュタイン自身もこのことをよく認識していた。それゆえ，論文の冒頭では連続量としての電磁場の理論が回折，反射，屈折，分散といった光学的性質については実験的に検証されていることを確認したうえで，それらが瞬間値ではなく時間的な平均値に基づくものであることに注意を喚起し，実際に光の発生や変換——具体的には，この論文で扱われる黒体輻射，光ルミネセンス，光電効果など——の現象では，連続量としての電磁場の描像が経験的事実に反する可能性もあることを指摘している。この論文を一読して感じるのは，アインシュタインの物理学の諸問題の老練な整理の仕方と，いま，何が重要な問題かという鋭い判断力，虚飾を排して物事の核心に切り込む議論の率直さである。そしてそのなかで彼独自の斬新な視点が鮮やかに提示され，さらにそれを裏づけるいくつかの物理現象が多角的に論じられることで，彼の主張が強い説得力をもつものになっていく。このような「論文とはかくあるべし」の見本のようなものをわずか25歳の若い研究者が執筆したとは，とうてい信じられない出来映えである。

さて前置きはこのくらいにして，彼の光量子仮設に至る議論の大筋をたどろう。黒体輻射の考察において，まずは古典的なマクスウェル理論の立場に立って考えることにし，電磁場の輻射を完全反射する壁に囲まれた空洞中に自由に動くことのできる分子と電子の気体があり，それらが互いに衝突するさいは保存力が働くとしよう。さらに一群の電子があって，それらは固有の離散的な基準点から距離に比例する力で束縛されているとする。これらの束縛電子には，いかなる共鳴振動数をもつものも存在し，それらが先の分子や自由電子と相互作用し，かつ共鳴子[*4]として電磁波との相互作用をも担うものとする。アインシュタインはこのように黒体輻射の系をモデル化したう

＊3 彼のノーベル賞は諸事情で見送られた1921年度のものになっている。なお，アインシュタインは受賞時にはすでに相対性理論の成功で世界的に著名になっており，それまで何度もノーベル賞受賞の候補には挙げられていた。しかし，相対性理論については哲学者ベルクソン(H. Bergson)からの反論を含めて種々の議論があり，その科学的価値についてノーベル賞委員会の意見の一致をみなかったことが，彼の受賞が遅れた一因であったようである。

えで，次のように議論する。

まず，**エネルギー等分配則**によれば，熱的平衡状態にある振動数νで共鳴する束縛電子の温度Tにおける（振動方向あたりの）平均エネルギー$U(T)$は，ボルツマン定数をkとするとき[*5]，運動エネルギーとポテンシャルエネルギーの時間平均が等しいことを考慮して$U(T)=kT$と表される。ところで，前回も述べたように，プランクは共鳴子と輻射場（電磁場）が平衡状態にあるとき，それらの平均エネルギーのあいだには，関係式（7.2）が成立するとした。上式より，ただちに$u(\nu, T)$として

$$u_{\mathrm{RJ}}(\nu, T)=\frac{8\pi\nu^2}{c^3}kT \tag{8.1}$$

が導かれるが，これは**レイリー-ジーンズの分布則**[*6]にほかならない。この関係式は，高い振動数νになると実験からのずれが大きくなり，また輻射エネルギー密度を全振動数で積分して輻射場の全エネルギーを求めると発散する$\int_0^\infty u_{\mathrm{RJ}}(\nu, T)\,\mathrm{d}\nu=\infty$から（紫外発散），物理的に正しい分布則を与えない。したがって，上で述べた輻射場と共鳴子による黒体輻射のモデルが間違っているか，それともエネルギー等分配則が成り立っていないかのどちらかになる。

この問題を考えるため，前回述べた**ヴィーンの分布則**（7.1），すなわち

$$u_{\mathrm{W}}(\nu, T)=\nu^3 b\,\mathrm{e}^{-a\nu/T} \tag{8.2}$$

が，2つの定数a, bを実際の計測から定めれば，広い振動数の範囲で測定結果と非常によく合う（とくにνの大きな極限では完全に一致する）ことを思い出そう。前話で述べたように，この定数aを別の定数hを用いて$a=h/k$としたものが今日用いられ，このときのhがプランク定数である。この

＊4 アインシュタインの原論文ではプランクと同じく「共鳴子」（resonator）という用語が用いられているが，英訳では「振動子」（oscillator）となっており，現在では後者の用語が標準的に用いられる。

＊5 アインシュタインはボルツマン定数kのかわりに気体定数Rとアヴォガドロ数Nを用いている（$k=R/N$）が，本項では現在の標準的なかたちに書くことにする。

＊6 歴史的には，分布則（8.1）は1900年にレイリー卿が提出したものであるが，右辺の比例係数が未定であったのを1905年にジーンズ（J. Jeans）が正しい係数を与えて完成させた。ただし，アインシュタインのこの論文のほうがジーンズのものよりわずかながら早いことから，パイス（A. Pais）[51]はレイリー-アインシュタイン-ジーンズの分布則とよぶべきものだとしている。アインシュタインは論文中にレイリーの論文を引用していないことから，彼の仕事を知らなかったものと思われる。

ヴィーンの分布則が意味する輻射場のエントロピーを考えてみたい。熱力学ではエントロピーSは温度T，全エネルギーUと$1/T = \mathrm{d}S/\mathrm{d}U$の関係が成立するから，これを単位体積，および振動数の区間あたりのエントロピー密度ϕとエネルギー密度uの関係式に焼き直すと，同様に$1/T = \mathrm{d}\phi/\mathrm{d}u$の関係が成立する。この$u$にヴィーンの分布則の式(8.2)を代入し，それを積分してエントロピー密度ϕを求めると

$$\phi = -\frac{u_{\mathrm{W}}(\nu, T)}{a\nu}\left(\ln\frac{u_{\mathrm{W}}(\nu, T)}{b\nu^3} - 1\right) \tag{8.3}$$

を得る。いま，輻射場の系の体積をVとすれば，振動数区間$[\nu, \nu + \mathrm{d}\nu]$内の系のエネルギーは$E = Vu(\nu, T)\,\mathrm{d}\nu$，エントロピーは$S = V\phi\mathrm{d}\nu$で与えられる。そこで，これをヴィーンの分布則に適用し，上式(8.3)を用いて体積がVおよびV_0の場合のエントロピーの差を求め，さらに$a = h/k$を代入すれば

$$S(V, T) - S(V_0, T) = \frac{E}{a\nu}\ln\left(\frac{V}{V_0}\right) = k\ln\left(\frac{V}{V_0}\right)^{E/h\nu} \tag{8.4}$$

が得られる。これが物理的にほぼ正しいと目されるヴィーンの分布則の示唆する，輻射場のエントロピーの体積依存性である。

さて，ここで比較のため，分子からなる理想気体の系のエントロピーの体積依存性を，今度は統計力学的に求めてみよう。ボルツマンによれば，WをエネルギーEをもつ系の状態数とするとき，系のエントロピーは$S = k\ln W$で与えられる。いま気体分子の数をnとし，おのおのの分子は独立であるとすれば，Wはたんに1個あたりの状態数のn乗で与えられる。また，分子1個あたりの状態数は，分子が運動できる体積Vに比例するだろうから，結局，$W = W(V) \propto V^n$となる。したがって，体積がVの場合とV_0の場合とのエントロピー差は，n個の気体分子の場合には

$$S(V, T) - S(V_0, T) = k\ln\left(\frac{V}{V_0}\right)^n \tag{8.5}$$

となる。

この2つの式(8.4)と(8.5)を見比べると，かたや輻射場に対して純粋に熱力学的に求められたものであり，かたや気体ガスに対して純粋に統計力学的に求められたものであるにもかかわらず，その体積依存性は同じかたちをしていて，仮に式(8.4)でべきが$E/h\nu = n$，すなわち

$$E=n\cdot h\nu \tag{8.6}$$

となれば，その一致は完璧なものとなる。またもし議論を逆転させて，式(8.4)からボルツマンの関係式$S=k\ \ln W$を用いてWを求めれば，それはあたかも輻射場が粒子ガスから成っていて，個々の粒子の状態数が体積Vに比例することを意味する。ここにおいてアインシュタインが到達したのは，振動数νで自由に伝播する電磁場が，あたかもエネルギー量子$h\nu$をもつ独立した粒子としてふるまうという描像であり，これが彼の**光量子仮設**の中身であった。プランクの**エネルギー量子仮設**があくまでも仮想的な共鳴子のエネルギーの量子化であったのに対して，アインシュタインの光量子仮設は電磁場のエネルギーの量子化なのであり，これらは決定的に異なる。重要な点は，後者は電磁場という現実の連続量にかかわる離散化を意味するものだけに，完全無欠だと思われたマクスウェル電磁気学の綻びを示唆するのみならず，自然界の基本要素としての「場」の概念の有効性への挑戦になっていることである。

ここで導入した光量子仮設は自由に伝播する電磁場の性質であったから，それが光の発生や変換などをともなう物質との相互作用において，何を意味することになるのかが次の課題となる。論文表題の「発見法的な観点」とはこの「光量子仮設」のことであるが，驚くべきことに，いくつかの現象にこの仮設を適用することで，未解決の実験事実を説明できるなど，大きな収穫が得られる。そしてその一例が光電効果なのであった。

アインシュタインの「波動と粒子の2重性」

アインシュタインは，1909年7月に，彼が7年にわたって勤務したベルンの特許事務所に辞表を提出し，待ち望んだアカデミックな職に就くことになる。まずはベルンで私講師の資格を取得し，冬学期に輻射理論の講義を行ったが，すぐに辞めて10月からチューリッヒ大学助教授となった。それからはとんとん拍子に出世し，わずか4年後にはドイツ最高の地位とされたベルリン大学教授（しかも講義の義務は免除！）と，同時に新設のカイザー・ヴィルヘルム物理学研究所の所長職のオファーを受け，翌年，これを受諾してベルリンに移ることになるのである。しかしここではまだベルンにいた1909年に行った黒体輻射に関する考察[53]を，パイスの議論[51]に従って説明することにしよう。

この考察でアインシュタインは，黒体輻射の系における輻射エネルギーの平均値$u(\nu, T)$ではなく，その平均値からのゆらぎに注目する。一般にエネルギー準位$E_1, E_2, E_3, \cdots$をもつ系が温度Tの熱浴中にあるとき，そのエネルギーの平均値は

$$\langle E \rangle = \frac{\sum_i E_i \mathrm{e}^{-\beta E_i}}{\sum_i \mathrm{e}^{-\beta E_i}}, \qquad \beta = \frac{1}{kT} \tag{8.7}$$

で与えられる。するとエネルギーの平均値からのゆらぎ（の2乗）

$$\langle (\Delta E)^2 \rangle = \langle (E - \langle E \rangle)^2 \rangle = \langle E^2 \rangle - \langle E \rangle^2 \tag{8.8}$$

と平均値(8.7)のあいだに

$$\langle (\Delta E)^2 \rangle = -\frac{\partial \langle E \rangle}{\partial \beta} = kT^2 \frac{\partial \langle E \rangle}{\partial T} \tag{8.9}$$

という関係式が成立する。

これを輻射エネルギー密度に適用して$\langle E \rangle = Vu(\nu, T)\,\mathrm{d}\nu$と置くと，ゆらぎの関係式は

$$\langle (\Delta E)^2 \rangle = kT^2 V \mathrm{d}\nu \frac{\partial u(\nu, T)}{\partial T} \tag{8.10}$$

となるから，ここで$u(\nu, T)$として(8.1)のレイリー–ジーンズの分布則$u(\nu, T) = u_{\mathrm{RJ}}(\nu, T)$を使うと

$$\langle (\Delta E)^2 \rangle = \frac{c^3}{8\pi \nu^2} u_{\mathrm{RJ}}^2 V \mathrm{d}\nu \tag{8.11}$$

となる。かわりに(8.2)のヴィーンの分布則$u(\nu, T) = u_{\mathrm{W}}(\nu, T)$を使うと

$$\langle (\Delta E)^2 \rangle = h\nu u_{\mathrm{W}} V \mathrm{d}\nu \tag{8.12}$$

を得る。ここで(8.11)は，レイリー–ジーンズの分布則が連続的な電磁場と等分配則という古典物理の前提のもとで導かれたものであることから，波動としての電磁場のゆらぎを表すものとして理解される。一方，(8.12)は，ヴィーンの分布則から導かれた描像が光量子という離散的なものであったから，粒子としての電磁場のゆらぎを表すものと理解される。それならプランクの分布則はどうか。

　すべての振動数域で正しく黒体輻射のスペクトルを再現する**プランク分布**は

$$u_{\mathrm{P}}(\nu, T)=\frac{8\pi h\nu^3}{c^3}\frac{1}{\mathrm{e}^{h\nu/kT}-1} \tag{8.13}$$

で与えられる（前回の式(7.8)）から，これを用いるとゆらぎの関係式(8.10)は

$$\langle(\Delta E)^2\rangle=\left(h\nu u_{\mathrm{P}}+\frac{c^3}{8\pi\nu^2}u_{\mathrm{P}}^2\right)V\mathrm{d}\nu \tag{8.14}$$

となる。これは(8.11)と(8.12)とが混じったかたちになっていて，右辺第1項はゆらぎの粒子性を表し，第2項はゆらぎの波動性を表すから，プランク分布はその両者を同時に含むものであることがわかる。つまり，アインシュタインはボーアよりもずっと早く，波動性と粒子性という相反する性質が共存すること，すなわち**波動と粒子の2重性**が自然界の掟であることを見つけていたことになる〈**図2**〉。

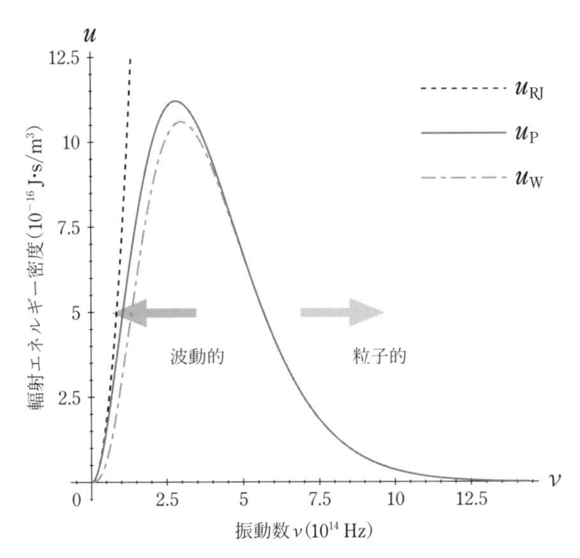

図2　黒体輻射の3つの分布則（温度$T=5000$ K）。レイリー-ジーンズの分布則u_{RJ}は振動数νが小さな領域でのみプランク分布u_{P}に近くなる。ヴィーンの分布則u_{W}はνが大きな領域でプランク分布u_{P}に一致するが，広い領域でu_{P}のよい近似になっている。振動数νが大きくなると輻射は粒子的になり，小さくなると波動的になる

プランクの玉手箱を開いた彼は，そのなかから電磁場の量子性と波動と粒子の2重性という，その後の量子力学の根幹となる概念を手に入れた。このことによって，われわれは長いあいだ慣れ親しんだ古典物理の世界には二度ともどれなくなったのである。そしてその責任者たるアインシュタインは，この奇妙な現実に向かい合い，折り合いをつけるために，生涯，悩み抜くことになるのである。

日本人のアインシュタイン訪問記

さて，今回は数式ばかりの堅い話が続いたので，気分転換に，日本の物理学者による，まだ特許局に勤務していた頃のアインシュタインの訪問記についてふれておこう。訪問者は桑木彧雄(あや)。明治11年(1878年)に東京に生まれ，哲学者の桑木厳翼を兄にもつ。東京帝国大学で物理を学び，卒業後は母校の助教授を経て，明治専門学校，九州帝国大学で教授になった。1907年から2年間ほどベルリン大学に留学してプランクのもとで学んだが，そのあいだにベルンのアインシュタインを訪問した。彼の留学時の出来事は，「留学雑記」として帰国の翌年に発表されており[54]，その内容は当時の世界の物理学界の事情を知るうえですこぶる興味深いが，ここではアインシュタイン訪問時の事柄から抜粋して紹介するにとどめよう。1909年3月のことで，ちょうど上に述べた波動と粒子の2重性に関する仕事を仕上げた頃のことである。

> ……三時間の暇があるからとて町へ出られる。……昼食時になつて，自分は結婚して居るから今共に昼食することは出来ぬ，宅に案内してもいいが妻が不意の客で飛廻はるであらう。……午後其宅に行く。夫人と十許の令嬢が迎へた。……日本人と話すのは初めてだ。……独逸の学者とは一向交際がない。プランクとは此頃手紙を往復するがどんな人か。(其後プランク教授に，旅行中アインスタイン氏に遇つたことを話したら早速に。どんな人，猶太人かと問はれた。) 彼様な著るしい学者に反対するのは心苦しいが彼れの輻射論には同意が出来ぬ。……今は光の分子説を成就したら人が銅像を建ててくれやう，など。

桑木は日本でいち早くアインシュタインの相対性理論に注目し，これを国内に紹介していたから，彼にとってアインシュタイン訪問は大きな意義のあることであった。ほぼ同い年だった両人は，親しく打ち解けて話をしたであろう。1922年にアインシュタインが日本を訪問したさいには，桑木はその案内人の1人になっている。ところで，アインシュタインを日本に招くにあたり，招聘(しょうへい)者となった改造社社長の山本実彦にこれを勧めたのは，アインシュタインの相対性理論の哲学的意味について考察していた西田幾多郎であったことが知られている。西田が助教授をしていた頃の京都帝国大学哲学科の主任教授は桑木厳翼だった[*7]から，西田はその縁で弟の彧雄に助言を求め，両者はしばしば書簡を往復し，物理の質疑応答を行っている。桑木彧雄はのちに科学史に転じ，日本を含めた東洋の関連史料を収集した。彼の貴重な科学史古典書籍のコレクションは，現在，桑木文庫として九州大学の図書館に所蔵されている。

*7　ちなみに，朝永振一郎の父の三十郎も，この頃，同じ哲学科で教鞭をとっていた。

第9話

黒体輻射から遷移確率へ

プランクの玉手箱に残されたもう1つの宝物

黒体輻射(ふくしゃ)の現象を通してみえ始めた電磁気学の破綻を察知したアインシュタインは，その綻びを繕おうとしたプランクの分布則に注目し，あたかも玉手箱のなかから宝物をとり出すように，つぎつぎに革新的な概念をとり出し始めた。それが**光量子**や**波動と粒子の2重性**といった，現代の量子力学の根幹となる概念であったが，量子力学にはもう1つ**遷移確率**という基本概念があり，アインシュタインはこれをもプランクの玉手箱からとり出してみせる。それは1916年，しばらく全精力を注ぎ込んだ一般相対性理論を完成させたのち，再び黒体輻射に立ちもどり，その問題を別の角度から考察した論文のなかでのことであった。

「量子論による輻射の放出と吸収」と題されたこの論文[55]でのアインシュタインの議論は，いたって簡明である。まず黒体輻射を考えるうえで，いつものように空洞内に輻射場と何らかの物質――いまこれを「分子」とよぼう[*1]――の集団があるとしよう。この両者は相互作用を通して熱的平衡状態にあるとし，そのときの温度をTとする。物質は同種の分子の集団からなり，個々の分子のエネルギーは$E_1, E_2, E_3, \cdots$といったとびとびの値E_nをとるものとする。そして輻射場との相互作用など，それ以外の細かな事柄はとくに決めないでおく。統計力学の基本原理によれば，エネルギー準位E_mにある分子数N_mは，p_mをこのエネルギー準位の統計的な重み因子，kをボルツマン定数とするとき，$p_m \mathrm{e}^{-E_m/kT}$に比例する。したがって，エネルギーE_m, E_nの2つの準位にある分子数をそれぞれN_m, N_nとすれば，それらの比は

$$\frac{N_n}{N_m} = \frac{p_n \mathrm{e}^{-E_n/kT}}{p_m \mathrm{e}^{-E_m/kT}} = \frac{p_n}{p_m} \mathrm{e}^{(E_m - E_n)/kT} \tag{9.1}$$

で与えられる。

さて，いま$E_m > E_n$とすれば，上のエネルギー準位E_mにある分子は，輻射場からの外的な作用がなくとも，ちょうど放射性元素が崩壊するときのように自然に下のエネルギー準位E_nに遷移し，そのさいにエネルギー保存則から要請されるエネルギー差$E_m - E_n$にあたる分量を外部に輻射として放出するだろう。その単位時間あたりの遷移の数は，もとのエネルギー準位E_m

---

*1　これを現在でいうところの文字通りの分子だと受けとめる必要はない。たんに輻射場と相互作用する物質の要素を表すものであり，原子あるいは共鳴子とよんでもよい。

にある分子数N_mに比例する（それがラザフォード（E. Rutherford）の放射性崩壊の法則であった）から，その比例定数を$A_{m\to n}$とすれば，それは

$$A_{m\to n}N_m \tag{9.2}$$

で与えられることになる。アインシュタインはこの遷移にともなうエネルギー輻射を「外への輻射」とよんだが，それは現在では**自然放出**（spontaneous emission）とよばれているものである。

一方，この自然放出とは別に，分子をとり巻く輻射場に刺激されて，E_m-E_nのエネルギーを外部に放出して準位E_mからE_nに遷移することもあるだろう。これはもとのエネルギー準位E_mにある分子数N_mに比例するだけでなく，エネルギー差E_m-E_nに対応する振動数νをもつ温度Tでの輻射場のエネルギー密度$u(\nu, T)$にも比例するだろうから，その比例定数を$B_{m\to n}$とすれば，これに対応する単位時間あたりの遷移の数は

$$B_{m\to n}N_m u(\nu, T) \tag{9.3}$$

と書くことができる。またこれとは逆に，同じく分子をとり巻く輻射場に刺激されて，E_m-E_nのエネルギーを外部から吸収して準位E_nからE_mに遷移することもあるだろう。それはもとのエネルギー準位E_nにある分子数N_nに比例するだけでなく，やはり輻射場のエネルギー密度$u(\nu, T)$にも比例するだろうから，その比例定数を$B_{n\to m}$とすれば，対応する単位時間あたりの遷移数は，

$$B_{n\to m}N_n u(\nu, T) \tag{9.4}$$

と書き表すことができよう。アインシュタインはこれら両者を「内への輻射」とよんだが，現在ではこのうち前者(9.3)の遷移を**誘導放出**（stimulated emission），後者(9.4)の遷移を吸光（absorption）（または光吸収）とよんでいる〈**図1**〉。

さて熱平衡状態においてはそれぞれのエネルギー準位にある分子数N_m, N_nは時間的に変化しないはずだから，これら3種類の遷移のあいだにつり合いの条件式

$$A_{m\to n}N_m + B_{m\to n}N_m u(\nu, T) = B_{n\to m}N_n u(\nu, T) \tag{9.5}$$

が成立しなければならない。ここで分子数比率(9.1)を用いると，この条件式は

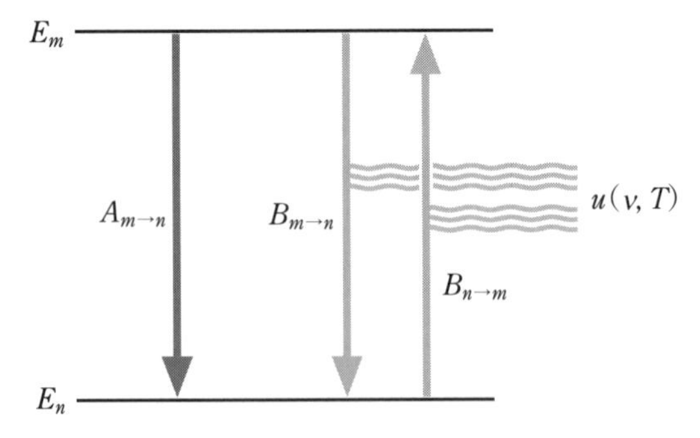

図1　分子の2つのエネルギー準位E_m, E_nのあいだに生じる3種類の遷移。$A_{m\to n}$は自然放出の，$B_{m\to n}$は誘導放出の，$B_{n\to m}$は吸光の遷移のそれぞれの係数を表す。最初の自然放射は輻射場とは無関係であるが，後者の2つは輻射場の影響で生じ，その遷移確率はエネルギー密度$u(\nu, T)$に比例する

$$A_{m\to n}p_m = \left(B_{n\to m}p_n \mathrm{e}^{(E_m - E_n)/kT} - B_{m\to n}p_m\right)u(\nu, T) \tag{9.6}$$

となる。ここで$T\to\infty$の極限では$u(\nu, T)\to\infty$となるべきことを仮定すれば，上の条件式の整合性（Tには依存しない左辺の有限性）から，右辺の係数のあいだには関係性

$$B_{n\to m}p_n = B_{m\to n}p_m \tag{9.7}$$

がなければならない。これを再度，条件式(9.6)に代入して$u(\nu, T)$について解けば

$$u(\nu, T) = \frac{A_{m\to n}/B_{m\to n}}{\mathrm{e}^{(E_m - E_n)/kT} - 1} \tag{9.8}$$

が得られる。

ここで係数$A_{m\to n}$，$B_{m\to n}$は分子と輻射場の相互作用の詳細によって定まるものであるが，差しあたりそれを特定することはせず，第7話でふれた**ヴィーンの変位則**，すなわち輻射のエネルギー分布密度$u(\nu, T)$の絶対温度Tへの依存性が，ν/Tという商を変数とする関数$f(\nu/T)$を用いて

$$u(\nu, T) = \nu^3 f(\nu/T) \tag{9.9}$$

と表されるという法則を思い出そう。この法則の要請と(9.8)の表式を見比べると，$A_{m\to n}/B_{m\to n}$はν^3に比例し，また$E_m - E_n$はνに比例しなければな

らないことがわかる。前者の比例定数をb，後者の比例定数をhとすれば，輻射のエネルギー分布密度は

$$u(\nu, T) = \frac{b\nu^3}{e^{h\nu/kT} - 1} \tag{9.10}$$

となる。これは黒体輻射の**プランク分布**（比例定数$b = 8\pi h/c^3$で与えられる）にほかならない。のみならず，ここでボーアの原子模型におけるエネルギー準位間の振動数条件

$$E_m - E_n = h\nu \tag{9.11}$$

も同時に導かれたことになる。

以上，みてきたように，アインシュタインは物質（分子）の構造の詳細に立ち入らず，また輻射場との相互作用のかたちもいっさい議論せずに，簡単な熱平衡の議論だけから，精確な黒体輻射のスペクトルを表すプランク分布を再導出することに成功した。分子の状態のあいだには一定の遷移が許され，「その遷移確率がスペクトルを定める」というのが，その発想の根源であった。

くり返しになるが，前に述べたように，アインシュタインはプランクの分布則の背後に，光量子や波動と粒子の2重性といった，本質的に非古典的な自然像が潜んでいることを誰よりも早く見抜いた。そしていま，同じプランクの分布則の背後に，遷移確率という新しい基本概念が潜んでいることを明るみに出したのである。ここではその詳細を定めなかったアインシュタインの係数A, Bは，のちにディラックの輻射の量子論に登場する遷移確率と同じものであり，その先見性には驚くべきものがある[*2]。

遷移確率をもう一歩進めてこれに波動性を組み込むには，確率ではなく**遷移確率振幅**（その絶対値の自乗が遷移確率を与える）を考えねばならない。そしてこの遷移確率振幅を基本要素として量子力学を再構成すると，ファインマンの経路積分量子化にたどり着くことになる。ファインマンの経路積分がディラックの確率振幅の表現に着想を得ていることはよく知られているが，その淵源（えん）を訪ねれば，結局のところ，ここで述べたアインシュタインの鋭い観察に行き着く[*3]。

---

*2　量子力学に造詣の深かった伏見康治も，「アインシュタインはどうしてこんなに先行的・予言的考え方ができたのだろうか」と述べている[56)]。

ただし，アインシュタインにとって量子力学の確率概念は，のちにこれを巡ってボーアと論争をくり広げるなど，鬼門ともいえる代物となっていく。彼は統計力学的な意味での確率，すなわち系の個々の状態や現象はわれわれの測定の有無にかかわらず実際に存在し，確率とはその相対頻度にすぎないと考えていたが，ボーアは量子的な確率とはそういう統計力学的なものではなく，測定の結果としてのみ意味をもつ「本質的な」存在であるとしていたから，二人の主張は真っ向から対立することになった。彼が考察した係数A, Bで記述される量子的な遷移過程は，はたして因果的な説明が可能なものであるか，それともそういうものは不可能であって現象の確率的記述しかできないものであるか，という解釈の違いである。1920年にボルン（M. Born）に宛てた手紙のなかで，アインシュタインは

> 因果性の件は私をもおおいに困惑させています。光の量子的吸収や放出はいったい完全な因果律の要請の観点から理解できるものでしょうか。それとも統計的な残滓（ざんし）が残るのでしょうか。私はこの点に関し確信がないことを認めねばなりません。しかし，完全な因果律を放棄することは私には耐えがたいのです。

と述べている[57]。残念ながら，時代はアインシュタインよりもボーアのほうに傾き，若い世代の物理学者は確率こそが自然界の掟だという立場に立つ者が多くなった。ウィグナー（E. Wigner）によれば，その彼らに向かってアインシュタインは講義中に

> 君たち若い連中は，確率確率と騒いでいるが，いつかそれがあやまりだということに気がつくようになる。

と警告したという[58]。

ゆらぐ物理的世界像と「かのように」の哲学

前話より引き続いて，アインシュタインがプランクの分布式のなかに見つ

＊3　ここでアインシュタインが導入した誘導放出という物理過程は，ずっと後になって光の増幅と輻射を行うレーザー技術の基礎となったものであり，したがってアインシュタインはレーザーの隠れた父ともいえるわけである。

けた古典物理の世界像の破綻――それはその後の量子力学の根幹を成す基本概念となった――について述べてきた。これはアインシュタインが独力で行ったプランク分布に潜むなぞの執拗な追究の結果であった。かたや同時期のプランクは自身の仕事の革新性については深く認識せず，むしろ従来の物理学のなかに穏便な改訂を施すことを考えていた。また当時の物理学者の大部分も，合理的な観点からそのような保守的な立場をとっていたのであった。というのも，力学や電磁気学はきわめて精緻に完成された学問であり，知られたほとんどの現象を過不足なく説明することができたし，加えて熱力学や統計力学といった新しい視点が19世紀の中頃から導入されて，それまでの決定論的な世界像と，新たに導入された統計的な意味での確率論的な世界像との2つの異なる描像に，折り合いをつけることこそが重要な課題であるとの認識が拡がっていたからである。

たしかに放射性原子の崩壊や光電効果，X線の回折など，世紀の転換時にさまざまな現象の発見が続いたが，それでもアインシュタインの主張するような光量子などの概念は，誤謬とまではいわぬとしても，空想の段階にとどまっているとみなされていた。実際，プランクやネルンスト（W. Nernst）らがアインシュタインをプロシア学士院会員に推挙したさいの推薦文には，彼の大きな業績を讃えたうえで，「……たとえば彼の光量子仮設の場合にみられるように，彼はその議論のさいに時折，的を射そこなったかもしれない……」と書かれている。これが1913年時点での評価だったのである[59]。

プランクの思想については，1908年のオランダのライデン大学での講演をもとに翌年刊行された彼の論考『物理学的世界像の統一』からその基本的な立場をうかがい知ることができる[60]。そのなかで彼は，マッハが認識論的立場から唱えた「世界の真の唯一の要素は感覚である」という主張について論評し，それは相対的で統一されない混乱した世界像に――オストヴァルトらのエネルギー一元論者による原子や分子の否定という誤謬などに――導くものだとして，強く批判している。プランクは，そのようなマッハの主張が当時影響力をもった背景には，物理学の考察に統計という非決定論的な要素が含まれるようになって，それまでの力学的な世界像が崩壊したことへの幻滅があると分析し，自然科学的探究の最大目標は，時代や民族の変遷とは独立した「定常不変な統一的世界像」の確立にあることを力強く唱えている。そして（現在からみれば）意外なことに，彼の議論のなかには自身が行った黒体輻射のスペクトル分布の問題も，またそれに端を発する一連のアインシュタインの考察からみえてきた新しい量子的な世界像もまったくふれられていない。

プランクの論考は世界的に広く読まれ，日本でも話題になったようであるが，その一例に，刊行当時プランクのもとに留学していた石原純が，帰国後*4，短歌雑誌「アララギ」に投稿した論説がある[61]。そのなかで石原は，

> 私は只プランク等に倣ふて世界像を一定であるとし従つて自然科学的法則を絶対的真実だと「信ずる」ことが，自然科学の発展の為めに利益があり，又其哲学的意義を徹底せしめ高上せしめるのに利益があるとして，寧ろ此点に於ては「実用的態度」に満足するものである。

と自説を述べている。

この石原説に対して，石原の先輩であり，西欧の価値観に必ずしもとらわれない独自の物理学をめざしていた寺田寅彦は，翌年に石原に宛てた手紙[62]のなかで，

> ……プランクは安心して居り過ぎはしないかといふ疑は起つて時々迷ふのであります。……今の物理学がもう少し統一すればそんなにも思ひませんが，量子説などとクラシカルな力学との融和がとれず，電子説がすべてを説明し得ぬ処を見るとどうも根本的の新しい展開が伏在して居るのではないかと疑ひます。(原文ママ)

と率直にプランクや石原説に賛同できない旨を表明している。寺田や石原は，維新後の物理研究者の草分けであった長岡半太郎よりも1つ下の世代にあたるが，この時代の若い研究者たちが，早くも西欧の研究者と同じ土俵に乗って物理学の自然哲学的な考察を行うようになっていることが，これらの論議からもうかがうことができよう。とりわけ，石原は日本で最初に量子論の研究論文を書いた物理学者としても知られる[63]が，むしろ物質の性質や地震など地球物理に興味をもっていたはずの寺田が，量子説の登場を深刻にとらえているのが注目される。

さて石原はプランクの意見に同調しているようであるが，よくみれば微妙な違いがあり，プランクが「定常不変な統一的世界像」の存在を自明のものと

---

*4 周知のように，石原は短歌仲間の原阿佐緒と不倫事件を起こして東北大学の教授職をなげうつことになるが，これはその数年前のこと。それにしてもこのような内容の解説を載せるとは「アララギ」も度量が大きい。

して疑わないのに対して，石原はそれを「信じ」る「実用的態度」を唱えている。このような，「かのように」ふるまうことが，理想とする解決法がない場合の現実的対応策だとする思想は，当時，ドイツ国内で一世を風靡(ふうび)していたファイヒンガー(H. Vaihinger)〈**図2**〉の**かのようにの哲学**(die Philosophie des Als Ob)を想起させる。ファイヒンガーの同名の著書[64)]は1911年に出版され，話題をよんで国内で版を重ね，のちに米国でも翻訳されて幅広く読まれたようであるが，これは30年以上前の彼の学位論文をもとにしたものであって，科学研究の状況を念頭に構想されたという。出版を遅らせたのは主張が受け容(い)れられる時代になるのを待っていたためらしいが，そうだとすれば，近代科学の発展にともなって生じる普遍的な状況を見越した重要な仕事だということになる。現代の科学では，たとえば宇宙物理学や気候科学における数値シミュレーションなどで，その結果があたかも現実である「かのように」解釈することが行われているし，何よりも量子力学における物理量の存在そのものが，そのような解釈を要求しているのである。

ファイヒンガーの思想が戦前まで広くドイツの知識階層に浸透していたことは，ハイゼンベルク(W. Heisenberg)の名著『部分と全体』における1936年前後の彼と学生との討議からもみてとることができる[65)]。そこでは，光量子が多くの実験で「あたかも」1つの電子と1つの陽電子から成り立っているかのようにふるまうことから，これを敷衍(ふえん)して，さらに個々の素粒子が中間子(当時，湯川秀樹が中間子を理論的に予言したばかりであった)などさまざまな粒子の積み重ねであるかのようにとり扱うことができるといった議論が展開されており，名ざしこそしないものの，明らかにファイヒンガーの「かのようにの哲学」が意識されている[66)]。ファイヒンガーの哲学は大戦後のドイツの政治的，倫理的な価値観の転換にともなって世間からは忘れ去られてしまったが，本来は論理実証主義の前ぶれとみなされるべきものであり，その復権を求める向きもある[67)]。

図2　ファイヒンガー

上に述べた石原の態度が，はたして

ファイヒンガーの哲学に影響されたものであるかどうかはわからない。しかし「かのようにの哲学」は，森鷗外が早くもドイツでの原著初版刊行の翌年正月，「中央公論」に掲載した「かのやうに」と題する小説（「秀麿物」とよばれる3部作の1つ）で紹介しているから，文学趣味の石原がこれを読んでいたとしても不思議ではない。また石原は同年春にはドイツに留学しているから，現地でその哲学を知った可能性もあろう。鷗外の小説は，教育と研究のうえで国家と宗教や歴史と神話のあいだに生じる葛藤に考察を加えたものであり，つづめていえば，「国民の物語なしに国家は成立し得るか」という疑問に答えようとしたものであった。主人公の秀麿が，事実として証拠立てられない神話が事実である「かのように」みなす折衷的な立場で自己を納得させようとしているのに対して，友人は「駄目だ」といい放ち，「八方塞がりになったら，突貫して行く積りで，なぜ遣らない」と叱咤（しった）する。寺田の石原への手紙の文章はこれよりずっと穏やかな言葉でつづられているが，その意図には一脈通じるものがあるように思われる。

第10話
ファインマンの経路和と量子の束縛

場から遠隔作用への回帰，そして経路積分へ

アインシュタインが**遷移確率**という量子の世界の基本概念をプランク分布から抽出していた頃，ニューヨークに生まれたのがファインマンである〈**図1**〉。彼はボストンのマサチューセッツ工科大学（MIT）の学部生時代に，電磁気の量子論にはまだ重大な問題が残っているらしいことに気づいた。

彼の見立てでは，問題の1つは電子の自己エネルギーが発散すること（これは古典的な電磁気理論にもあった問題）であり，もう1つは電磁場自身が無限大の自由度をもつことに起因する発散がある（たとえば真空のエネルギーが無限大になる）ことであった。そしてこれらを同時に解決するためには，相互作用を荷電粒子間の「遠隔作用」によるもののみとし，「場」は計算の便宜上のものであって独立な自由度ではないとすることだと考えた。つまり，理論から基本的な物理量としての「場」を追放し，荷電粒子のみで電磁的現象を記述するのである。そうすれば，電子は自分が生成する場と相互作用することはないし，また自由度をもたない場が無限大の発散を生じさせることもなくなるだろう。

彼の遠隔作用の考えは，ファラデーが種を撒きマクスウェルらが育てた「場」を基本的な物理的実在として，近接作用の立場に立とうとする19世紀以来の思想の流れに逆らったものであり，いわば時計の針をもどして「場」の出現前のアンペールら欧州大陸の学者たちが唱えていた遠隔作用の立場に回帰しようとしたことになる。

図1　ワルシャワでの相対論の会議のさいに，ディラックと話すファインマン（右）（出典：Courtesy of the Archives, California Institute of Technology）

ともあれ，ファインマンは1939年にプリンストンの大学院に進んだのち，指導教官となったホイーラー（J. Wheeler）の協力を得て，エネルギー保存とも折り合ったかたちでの遠隔作用に基づく電磁気学をつくり上げることに成功する。そのさいに鍵となったのは，運動する荷電粒子がほかの荷電粒子に影響を与える場合，その影響はもとの粒子の運動後

の時刻に影響する**遅延ポテンシャル**(retarded potential)と運動前の時刻に影響する**先進ポテンシャル**(advanced potential)の和によって表されるという発想である。標準的な電磁気学では，因果律の観点から前者の遅延ポテンシャルのみを考慮するが，それではファインマンの想定するような，荷電粒子が自己の発する場と相互作用しない場合には，輻射のさいの全運動量が保存せず不十分であることから，これら両方が必要になるとしたのである。

時間を過去に向けてさかのぼる先進ポテンシャルを含めることは，一見，因果律に反するようであるが，両者のポテンシャルの重みが等しい場合には，ちょうど因果律に反する部分が相殺(そうさい)して結果的には通常の電磁気学と同じになることが示せる。結果が同じならば，時間について対称的にとり扱うほうが理論的にはより美しい。そしてより美しいほうに真実が潜むのではないかということになる。

この電磁気の古典理論の修正の成功に気をよくしたファインマンは，さらにその量子バージョンの構成，すなわち古典理論の量子化に歩みを進めた。しかし，ここでは通常の量子化の方法が使えないことに気づく。というのも，古典系を量子化する場合は，まず古典系をハミルトン形式の解析力学を用いて書き直し，そこで古典的な物理量を量子的な演算子に置き換える作業を行うのが標準的である。この**正準量子化**(canonical quantization)の手続きを実施し，かつ状態の時間発展を記述するには，時間tに依存して決まるハミルトン関数とよばれるものをつくることが必要となる。ところがファインマン–ホイーラーの修正版電磁気理論では，ある時刻での荷電粒子の運動を決めるためには，それと異なる時刻での別の粒子の運動の情報が必要になるので，時刻$t=$一定で定義されるハミルトン関数をつくることができない。

この障害を克服するため，ファインマンはもう1つの解析力学の形式であるラグランジュ形式に注目する。その理由は，ラグランジュ形式での粒子の古典的な運動は経路(位置の時間変動)を表す関数$x(t)$によって値が定まる**作用**$I[x(t)]$が最小となる(正確には極値をとる$\delta I=0$)条件，すなわち**最小作用の原理**から決められるが，時空上の積分で与えられる作用$I[x(t)]$のなかには異なる時刻での相互作用の情報を組み込むことができるからである。これはたしかにファインマンにとって福音であった。

彼にとって次の問題は，このラグランジュ形式での作用からどのように量子化を行うかである。もし作用が同時刻の力学変数で表されたラグランジュ関数$L(x,\dot{x})$の時間積分(ここで$\dot{x}=\mathrm{d}x/\mathrm{d}t$)

$$I[x(t)] = \int \mathrm{d}t\, L(x, \dot{x}) \tag{10.1}$$

のかたちに書ける場合は，これを（ルジャンドル変換により）ハミルトン形式に移行させることができて標準的な正準量子化の手続きがとれる。しかし複数の時間に依存するファインマン-ホイーラー理論では，ラグランジュ関数が（10.1）のような単純なかたちをしていないので，別の処方箋を考えなければならない。

ここで彼が偶然，プリンストンの酒場で知り合った英国人から聞いたのが，量子力学のなかにラグランジュ関数が何らかのかたちで関わっていることを，ディラックがどこかに書いていたという話である。翌日，早速図書館に行ってディラックの論文を調べると，たしかに量子力学の波動関数$\psi(x, t)$の微小な時間変化を表す積分核（変化を積分のかたちで表現する関数）が，作用Iを指数関数の肩に載せた$\mathrm{e}^{(\mathrm{i}/\hbar)I}$という量に「類似している」と書いてあった。ただちにファインマンはこの「類似」が（比例定数を除いて）「等しい」に違いないとにらんでその表式を微分方程式に書き直し，それが量子力学における波動関数の時間発展を定めるシュレーディンガー方程式にほかならないことを発見する。つまり驚くべきことに，正準量子化の手続きを踏んで得られる演算子から導かれる量子論での時間発展は，そのような秘術を用いずとも，古典論での作用Iを指数関数の肩に載せるだけで得られるというのである [*1]。

ファインマンはさらにこの議論を微小な時間間隔を積み重ねて有限な時間間隔$[0, T]$のものに拡張する仕事に着手する。そしてたどり着いた結果が，有限な時間区間$[0, T]$での波動関数の時間発展

$$\psi(x', T) = \int \mathrm{d}x\, K(x', T; x, 0)\psi(x, 0) \tag{10.2}$$

を表現する積分核$K(x', T; x, 0)$は，位相因子$\mathrm{e}^{(\mathrm{i}/\hbar)I[x(t)]}$の経路和

$$K(x', T; x, 0) = \int \mathcal{D}x(t)\mathrm{e}^{(\mathrm{i}/\hbar)I[x(t)]} \tag{10.3}$$

で与えられるという公式であった。ここで$\int \mathcal{D}x(t)$は象徴的な記号で，時刻t

＊1　このドラマチックな挿話は彼のノーベル賞受賞講演録に生々しくつづられている [68]。またシュレーディンガー方程式の導出は，彼の学位論文 [69] や教科書 [70] にくわしい。

$=0$で位置$x(0)=x$から出発した粒子が時刻$t=T$で位置$x(T)=x'$に到達するすべての経路$x(t)$についての和をとることを意味する〈**図2**〉。その和のなかには現実に観測できる古典的な運動方程式を満たす経路も存在するが，それ以外の任意の経路も含まれる。もちろん，そのような経路は無限に存在するから，その和をきちんと実行することにはさまざまな数学的準備が必要となる[*2]が，それがどのようなものになるにせよ，その和が実行できた暁には，演算子を用いるハイゼンベルクの方法や波動関数を用いるシュレーディンガー(E. Schrödinger)の方法と等価な，しかしそれらとは別の第3の量子化法が得られたことになる。なお，ハイゼンベルクとシュレーディンガーの2つの方法は正準量子化の異なる表示だとみることができるから，ファインマンの経路和——これを**経路積分**(path integral)とよぶ——による量子化法はそれらとは本質的に違う，まったく新しいものであった。

ファインマンはノーベル賞受賞講演[68)]で

> 古典論から量子論をつくる仕方は一通りではありません。どの教科書も一通りのようなふりをしていますが，それはちがう。

と述べているが，それにもかかわらず，現在の量子論の教科書で経路積分をとり扱う場合，混乱を避けるためか，いったん正準量子化したうえで経路積分のかたちを「導く」ことが多い。あたかもファインマンの経路積分が副次的なものであるかのごとくであるが，それは本来のファインマンの思想に反

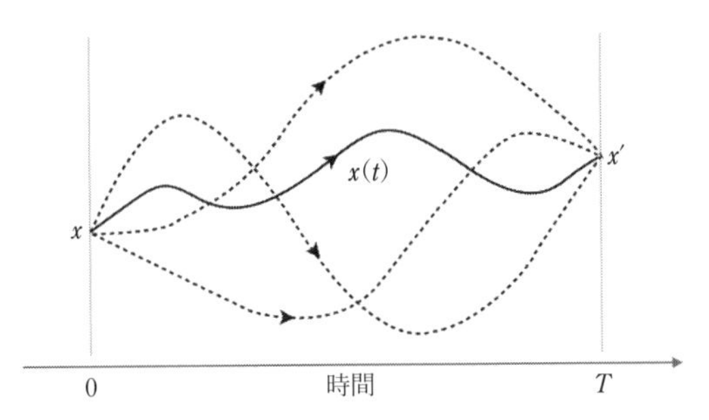

図2　ファインマンの経路和。時刻$t=0$で位置$x(0)=x$から出発し，時刻$t=T$で位置$x(T)=x'$に到達するすべての経路$x(t)$について，位相の重み$e^{(i/\hbar)I[x(t)]}$を足し上げる

＊2　たとえばファインマン自身が与えた標準的な方法では，この和に含まれる経路は連続だがいたるところで微分可能でないといった性質があるが，それらはなめらかな経路を十分な精度で近似できるので，大ざっぱにいえばどのような経路も和に含まれることになる。

するものである。

さて当初のファインマンの目的は，この新しい経路積分量子化法をファインマン-ホイーラー理論に適用することであった。その場合は先に述べた理由からラグランジュ関数が(10.1)のような単純なかたちをしておらず，それゆえ経路積分も(10.2)のような波動関数の時間発展を与えるかたちに用いることはできない。しかし，そのような場合でも，時刻を指定せずにある状態から別の状態(それらは測定によって規定される)へ遷移する確率の振幅を得ることはできる。

実際，先に与えた積分核(10.3)は，粒子が位置xからx'に遷移する確率振幅，すなわち**遷移確率振幅**だということができる。この遷移確率振幅はその絶対値を自乗すると遷移確率を与えるもので，第9話で述べたアインシュタインが抽出した遷移確率の平方根に相当する。しかし確率振幅は重ね合わせが可能な量であり，直接的に量子論の波動性を体現する量になっている。ファインマンは彼の経路積分量子化の理論的枠組みを，学位論文[69]や教科書[70]に書いたもの以上に詳細に定式化することはなかったが，波動関数は時刻を固定したときの遷移確率振幅*3とみなすこともできるから，彼の経路積分量子化法は，量子論におけるもっとも基本的な概念は遷移確率振幅にほかならないことを示唆するものであった*4。

ファインマンの得た結果に驚喜したホイーラーは，アインシュタインの自宅に走って彼の学位論文をみせ，意見を訊(き)いたという。ボーアらの主唱する量子力学における確率の(統計的な確率ではないとする)解釈に懐疑的だったアインシュタインは，ファインマンの遷移確率振幅の重要性を目の当たりにして

> 神がサイコロ遊びをしているとはまだ信じられない。でもこれで私は間違いを犯してもよくなったかもしれない。

と答えたという[71]。アインシュタインは生涯，量子力学の根幹に対する疑念を払拭(ふっしょく)しなかったと考えられているから，これはホイーラーに対するその

---

*3 ディラックのブラケット記法で書けば，時刻tで状態$|\psi\rangle$にあるものが状態$|x\rangle$に遷移する確率振幅が波動関数$\psi(x,t)=\langle x|\psi\rangle$である。

*4 ファインマン-ホイーラー理論の量子版は，真空偏極の問題など現実にそぐわない点があることが判明して放棄された。経路積分量子化法は，その副産物でありながら，より重要な仕事として残ったことになる。

場限りの社交辞令にすぎなかったのかもしれない。しかし本来，確率概念には種々の解釈を許す曖昧さがあり，また**擬確率**などの確率の枠組みの一般化の問題を含めて＊5，その量子論における意味の解明はきわめて現代的な課題として残されている。

磁気単極子と経路積分

さてここで，経路積分による量子化の描像から電磁気の現象にどのようなことがいえるかに関して，1つの典型例を述べることにしよう。それは電荷をもつ粒子が単独で存在するように，それと類似の磁荷をもつ粒子，すなわち**磁気単極子**の存在が量子論として許されるのだろうかという疑問に対する回答である。

そこで，いま磁荷gをもつ磁気単極子が3次元空間内に存在したとして，その位置を空間座標の原点にとることにしよう。するとそれは原点から放射状の磁場

$$\boldsymbol{B} = g\frac{\hat{\boldsymbol{x}}}{|\boldsymbol{x}|^2}, \qquad \nabla\cdot\boldsymbol{B} = 4\pi g\delta(\boldsymbol{x}) \tag{10.4}$$

を発生させる。ここで$\boldsymbol{x} = (x, y, z)$は原点からの位置ベクトルで，$\hat{\boldsymbol{x}} = \boldsymbol{x}/|\boldsymbol{x}|$はその単位ベクトル，そして$\delta(\boldsymbol{x})$は3次元デルタ関数である。もちろん，連続量としてのベクトルポテンシャル$\boldsymbol{A}$を用いて磁場を$\boldsymbol{B} = \nabla\times\boldsymbol{A}$と書いた場合は$\nabla\cdot\boldsymbol{B} = 0$となるから，(10.4)と矛盾してしまう。これは磁気単極子をつくるためのベクトルポテンシャル$\boldsymbol{A}$は空間全域では連続的に定義できず，どこかに不連続なところが生じてしまうことを意味するが，物理的には$\nabla\cdot\boldsymbol{B} = 0$は磁場の湧き出す源がないことを示すから，それが磁気単極子の存在と矛盾するのは当然のことである。したがって，磁気単極子の存在を許すには式(10.4)のように$\nabla\cdot\boldsymbol{B} \neq 0$としなければならない＊6。

しかし，もし内部に$4\pi g$だけの磁束を格納した弦状の特異線があって，それが無限遠方から原点に届いているならば，原点での磁場の湧き出しは弦のなかの磁束から供給されることになって$\nabla\cdot\boldsymbol{B} = 0$のままでも矛盾しなくな

＊5　近年，量子力学における新しい物理量として弱値(weak value)という概念が注目を集めているが，これには複素数値をとる擬確率が深く関与している[72]。

＊6　古典論としての磁気単極子の存在は(特異弦の概念を使わずに)ピエール・キュリー(P. Curie)が最初に議論している[73]。

る。そしてその弦が測定にかからない程度に十分に細いならば，磁気単極子が存在したとしても実際には支障ないだろう。そもそも，ベクトルポテンシャル$\boldsymbol{A}$のゲージ自由度の部分は非物理的な量であるから，$\boldsymbol{A}$に許されるゲージ変換の自由度を使って任意のところに移動させることができるこの特異弦は非物理的なものだと考えることもできよう[*7]。

以上は古典電磁気学の結論であるが，量子論としてはどうかという問題を経路積分量子化の枠組みで考えてみたい。そこでまず，磁場のもとにある質量m，電荷qをもつ荷電粒子の作用$I[\boldsymbol{x}(t)]$は，式(10.1)においてラグランジュ関数

$$L(\boldsymbol{x}, \dot{\boldsymbol{x}}) = \frac{m}{2}\dot{\boldsymbol{x}}^2 + q\dot{\boldsymbol{x}}\cdot\boldsymbol{A} \tag{10.5}$$

を用いて与えられることを思い出そう。このとき経路積分(10.3)が矛盾なく定義されるためには，経路$\boldsymbol{x}(t)$に対して位相$\mathrm{e}^{(\mathrm{i}/\hbar)I[\boldsymbol{x}(t)]}$が一意に定まる必要がある。被積分関数が定まらなければ，積分が実行できないからである。

いま，経路の始点$\boldsymbol{x}(0)$と終点$\boldsymbol{x}(T)$が，原点を中心とする球面上にある場合を考え，**〈図3〉**に示すように，これらをつなぐ2つの経路を$\boldsymbol{x}_1(t)$，$\boldsymbol{x}_2(t)$とする。ここで両者の経路を徐々に移動させて近づけていくことを想定してみよう。このとき，それぞれの作用$I[\boldsymbol{x}_1(t)]$，$I[\boldsymbol{x}_2(t)]$もある1つの値に収束するのであれば，自動的に位相$\mathrm{e}^{(\mathrm{i}/\hbar)I[\boldsymbol{x}(t)]}$も定まる。明らかに**〈図3a〉**の

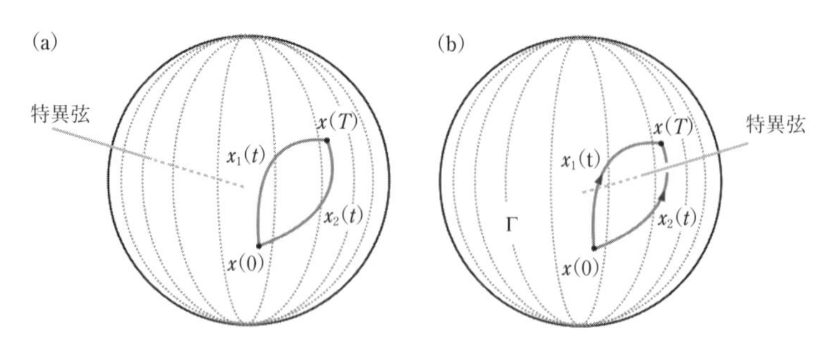

図3　磁気単極子のある場合の経路和。ベクトルポテンシャルの特異性を表す弦の位置が，間隔を縮めようとする2つの経路で挟まれた領域の外にある場合(a)と，その領域の内部にある場合(b)。その領域外の球面部分をΓとする

＊7　特異弦の位置はゲージポテンシャル$\boldsymbol{A}$のとり方によって決まる。同じ(10.4)の磁場$\boldsymbol{B}$を与える異なる$\boldsymbol{A}$は，ゲージ変換によって互いにつながっている（さもなければ異なる$\boldsymbol{B}$を与えてしまう）ことから，特異弦の位置はゲージ変換によって自由に変えられることがわかる。

ように特異弦が両方の経路で挟まれた領域にない場合は，この経路の変化の過程で作用は連続的に変化するから何の支障も生じない。しかし，もし〈**図3b**〉のように特異弦が領域内にある場合は，両者の経路を近づけていく過程のどこかで特異弦と接触して作用の値が不連続的に変化するから，その差の評価には別の考察が必要になる。それは，以下のように特異弦のない領域の外側を議論に用いることである。

まず，両者の経路が接近したとき運動エネルギー項が等しくなるようにしておく。そうすれば，両者の経路での作用の差は(10.5)より

$$\Delta I = I[x_2(t)] - I[x_1(t)] = q\int_0^T \mathrm{d}t\,(\dot{\boldsymbol{x}}_2\cdot\boldsymbol{A} - \dot{\boldsymbol{x}}_1\cdot\boldsymbol{A}) \tag{10.6}$$

で与えられる。これは端点$\boldsymbol{x}(0)$，$\boldsymbol{x}(T)$間の線積分の差に直すことができるが，それは周回積分に等しいから，ストークスの定理を用いれば2つの経路で囲まれた領域の外の特異弦のない側の球面の領域Γ上での磁場$\boldsymbol{B}$の面積分になる。ここで両者の経路を特異弦（それは物理的ではないものとみなしていることに注意）に向けて近づけていけば，最終的には領域Γは球面全体を覆うことになるから，結局，それはqに磁束の量$4\pi g$を掛けたもの

$$\Delta I = q\oint \mathrm{d}\boldsymbol{x}\cdot\boldsymbol{A} = q\int_\Gamma \mathrm{d}\boldsymbol{S}\cdot\boldsymbol{B} = 4\pi qg \tag{10.7}$$

となる。位相の一意性

$$\mathrm{e}^{(\mathrm{i}/\hbar)I[\boldsymbol{x}_1(t)]} = \mathrm{e}^{(\mathrm{i}/\hbar)I[\boldsymbol{x}_2(t)]} \tag{10.8}$$

は$\mathrm{e}^{(\mathrm{i}/\hbar)\Delta I} = 1$を意味するから，これより$4\pi qg = 2\pi n\hbar$，すなわち

$$qg = \frac{n\hbar}{2} \quad (n\text{は整数}) \tag{10.9}$$

という**ディラックの量子化条件**を得る[*8]。

この結果から，もしある磁荷gをもつ磁気単極子が1個でも宇宙のどこかに存在すれば，自然界のすべての粒子の電荷qが量子化されている――それはゼロでない最小の電荷の大きさをもつ粒子である電子の素電荷e（の逆符

*8　この量子化条件はディラックが1931年に最初に導いた[74)]。ここでの議論は，ゲージ変換の任意性に基づく文献75の議論を少し改変したものである。

号）の整数倍に限定されている——という事実が量子論的に説明できる。この結論は，波動関数や演算子の代数関係の整合性から導くこともできるが，経路積分を用いて幾何学的に導かれることは印象的である。

この例が示すように，経路積分の整合性は物理系の大域的（トポロジカル）な構造がもたらす量子効果を考察するのに適しており，本来，ミクロの世界をとり扱う量子力学が大域的なマクロの構造を反映することがあるという，自然界の意外な面を知るための優れた手段になっている。電磁気現象において，電荷と磁荷の量を互いに自由に選べないことは，この量子効果の1つなのである。

第11話

量子の幾何学としての電磁相互作用：ゲージ原理への道

ヴァイルの統一理論の構想

19世紀にファラデーとマクスウェルによって整備された電気と磁気の統一理論は，1916年に提出されたアインシュタインの一般相対性理論によって，新たな局面を迎えることになる。電磁気の統一理論は，実験によって明らかになったさまざまな電磁気現象を一貫した理論にまとめ上げたものであったが，これに対して一般相対性理論のほうは，時空の一般座標変換のもとでの不変性という**一般共変性原理**と**等価原理**の前提から導かれた重力理論であり，先に原理をおいて理論を構成し，そのなかから重力を導き出したものである。このような不変性や等価性といった原理が相互作用を規定するという思想はきわめて魅力的なものであり，また当時，重力以外に知られていた唯一の力は電磁力であったことから，電磁力を重力に類したかたちで導出する重力との統一理論の構築が試みられることになった。その最初期の試みの1つが，かつてスイス連邦工科大学（ETH）でアインシュタインの同僚であったヴァイル（H. Weyl）〈**図1**〉によるものである。

ヴァイルはアインシュタインの一般相対性理論の発表から2年後の1918年に，一般座標変換に加えてスケール変換——すなわちものさしの尺度（ゲージ）の変化——に対する不変性を組み込んだ重力理論を提出した[76)]。彼はそのなかでスケール変換の共変微分にともなう接続場を電磁気のベクトルポテンシャルA_μに見立てることで，幾何学的な観点から電磁気と重力の2種類の相互作用を統一的に導出しようとしたのである。そのためには，アインシュタインの計量$g_{\mu\nu}$にスケール変換にかかわる因子を追加して

図1　1927年，スイス連邦工科大学でのヴァイル（出典：*Mind and Nature: Selected Writings on Philosophy, Mathematics and Physics by Hermann Weyl*, University of Princeton Press, 2009より転載）

$$\tilde{g}_{\mu\nu}(x) = \mathrm{e}^{k\int_\gamma A} g_{\mu\nu}(x) \tag{11.1}$$

というかたちに拡張する。ここでkは比例定数であり，追加した因子を定める積分

$$\int_\gamma A := \sum_{\mu=0}^{3} \int_\gamma A_\mu(y)\mathrm{d}y^\mu \tag{11.2}$$

は時空内の適当な基準点x_0からxまでの経路γに沿って行われるものとする〈**図2**〉。実際，$\tilde{g}_{\mu\nu}$を固定したままで接

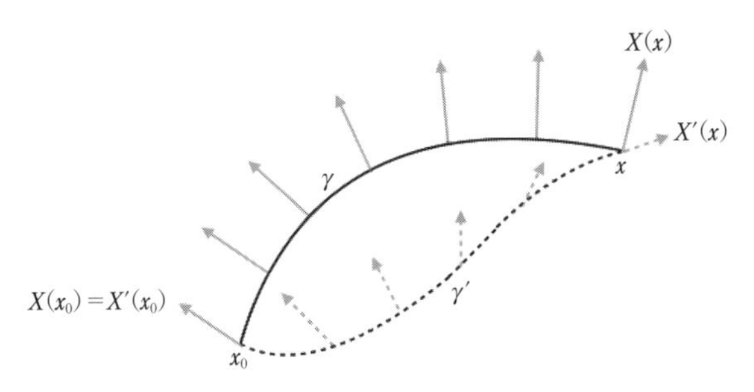

図2　ヴァイルの統一理論におけるベクトルの移動。2つの経路γとγ'に沿って始点上のベクトル$X(x_0) = X'(x_0)$を移動させると，電磁場が経路間に存在する場合は，経路によって終点でのベクトルの向きだけでなく長さ（尺度）まで異なってしまう（$|X(x)| \neq |X'(x)|$）

続場を適当な時空の関数$\lambda(x)$で$\lambda(x_0) = 0$となるものを用いて変換$A_\mu \to A_\mu - \partial_\mu \lambda / k$すると元の計量は$g_{\mu\nu} \to e^{\lambda} g_{\mu\nu}$と変化するから，時空の尺度は$e^{\lambda/2}$だけ伸び縮みすることになる。それでヴァイルはこれを尺度変換，すなわちゲージ変換とよんだ。

この時空の尺度は一般に積分経路γのとり方に依存するが，その依存性が消失する場合，すなわち異なる経路γ, γ'上での因子が等しくなる

$$e^{k\int_\gamma A} = e^{k\int_{\gamma'} A} \tag{11.3}$$

のは$e^{k\oint A} = 1$となるとき（積分はγとγ'で定まる周回路上の線積分）であり，それは電磁場のない場合（$F_{\mu\nu} = \partial_\mu A_\nu - \partial_\nu A_\mu = 0$）のみである[*1]。裏返せば，電磁場のある場合$F_{\mu\nu} \neq 0$には，ものさしを点$x_0$から$x$まで異なる2つの経路$\gamma$と$\gamma'$のそれぞれに沿って移動させると，終点$x$での尺度が移動経路によって異なってしまうのである〈**図2**〉。そのため，たとえば原子時計をこれらの2つの経路に沿って移動させると，終点ではその時計の進み方が異なることになるが，それは当時，精確に測られるようになっていた原子スペクトルの測定結果と矛盾することが，アインシュタインによって指摘された。この批判を受けて，対称性に基づく美しい理論構成に自信をもっていたヴァイルも，しぶしぶ自説を放棄せざるを得なくなったが，ここに思いがけない救済者が現れることになる。それは，シュレーディンガー，フォック（V. Fock），そ

＊1　これはストークスの定理と，周回積分路が自由に変形できることを考慮すればただちに理解される。

してロンドン(F. London)の3人である。

量子論による発想の転換：ゲージ原理の誕生

シュレーディンガーは波動方程式を編み出す3年ほど前に，ヴァイルの因子$e^{k\int_\gamma A}$に注目し，小さな，しかし大胆な考察を発表していた[77)]。それは荷電粒子と電磁場が相互作用し，それが(ケプラー軌道上を運動するなど)特定の状況にある場合には，任意に選んだ2つの線積分(11.2)の経路差に粒子の電荷qを掛けたもの$q\oint A$が位相空間内の周回積分に等しくなる，という性質である。したがってもしこれに量子論における**ボーア-ゾンマーフェルトの量子化条件**[*2]を適用すれば$q\oint A = nh$となる(hはプランク定数，nは整数)から，ここで仮に因子内の比例定数が純虚数

$$k = \frac{\mathrm{i}q}{\hbar} \tag{11.4}$$

で与えられるとするならば($\hbar = h/2\pi$)，ヴァイルの因子の位相差は

$$e^{k\oint A} = e^{(\mathrm{i}q/\hbar)\oint A} = e^{2n\pi \mathrm{i}} = 1 \tag{11.5}$$

となってその経路依存性が消え去ることになる。もちろん計量$g_{\mu\nu}$は実数量であるから，シュレーディンガーの想定した因子はもとの式(11.1)のヴァイル因子ではあり得ないが，それでもこの背後には何かしら見逃してはならない真理が潜んでいる気配が漂う。

1926年に量子力学の共通言語となる非相対論的な波動方程式を提出したのち，シュレーディンガーはたて続けに数編の論文を書いたが，そのなかに電磁場中の電子の相対論的な波動方程式に関するものも含まれていた[*3]。同じ年，革命後のソヴィエト連邦のレニングラード(現在のサンクトペテルブルク)で，シュレーディンガーとは独立にフォックも電子の従う相対論的な波動方程式を導いていた。そして彼はその方程式が，任意関数$\Lambda(x)$のもとで，ベクトルポテンシャルA_μと波動関数ψを同時に

＊2 位置qと運動量pの組で張られる位相空間内の周回積分が，プランク定数hの整数倍$\oint pdq = nh$になるという条件。

$$A_\mu \to A_\mu - \partial_\mu \Lambda,$$
$$\psi \to \mathrm{e}^{(\mathrm{i}q/\hbar)\Lambda}\psi \tag{11.6}$$

と変換しても不変であるという著しい性質を見つけた[79)]。この変換は尺度の変換ではないが，先のヴァイルの用語を借用して，やはり**ゲージ変換**とよばれることになった[*4]。先に第5話で述べたゲージ変換(5.1)，(5.5)の下での不変性は，このときに初めて認識されたものであった。

これらのシュレーディンガーやフォックの考察に基づいてロンドンがたどり着いた[*5]のが，電磁場のない場合の波動方程式の解をψとするとき，電磁場のある場合の解$\tilde{\psi}$は

$$\tilde{\psi}(x) = \mathrm{e}^{(\mathrm{i}q/\hbar)\int_\gamma A}\psi(x) \tag{11.7}$$

と書くことができるという事実である[81)]。これはちょうど，ヴァイルの計量に加えた因子(11.1)にシュレーディンガーの定数の選択(11.4)をはめ込んだものになっている。つまり，ヴァイルの考えた電磁気相互作用の幾何学的解釈は，彼の想定した重力との統一理論ではなく，量子論の波動方程式のなかにおいて実現されることになったのである。

ところで，第5話で磁場中の波動方程式を解くさいに行った(11.7)のかたちの置き換え(5.6)が有効であったのは，電磁気相互作用が位相量としてのヴァイル因子を通して理論に含まれていたからだということが，ここでわかる。またそのさいに述べた**アハロノフ-ボーム効果**におけるモジュラー量は，

---

*3 じつのところ，彼は先に相対論的な方程式を導いたが，求めた解が得られなかった——それはスピンを考慮していなかったから——ため，かわりに予期した結果を得た非相対論的なほうを発表し，相対論的なほうは後回しにした。ところで，よく知られているように，シュレーディンガーが非相対論的波動方程式を導出しその解法を得たのは，愛人と泊まり込んだ山荘においてであったが，そのときに彼が放置した妻が深く愛したのはほかならぬヴァイルであった。ヴァイルも結婚していたから彼らはダブル不倫ということになるが，しかしヴァイルの妻も原子物理学者のシェラー(P. Scherrer)と不倫関係を愉(たの)しんでいた[78)]。ファラデーやマクスウェルら19世紀の英国物理学者たちをとり巻く禁欲的な紳士社会とは対照的な状況が，世紀末のチューリッヒやウィーンなど欧州大陸の都会の知識階層に拡(ひろ)がっていたようである。

*4 ゲージ不変性の発見におけるフォックの貢献については文献80がくわしい。

*5 ロンドンは当時，南ドイツのシュトゥットガルトにいたが，チューリッヒのシュレーディンガーとも交流があり，それゆえほとんど誰も注目しなかった彼のヴァイル因子に関する仕事にも通じていたようである。またフォックの仕事はロンドンの論文[81)]には引用されていないが，同時期に出された短報には引用されていることから，おそらく彼の念頭にあったものと思われる。

このヴァイル因子の経路による相対差にほかならず，さらに第10話で述べた**磁気単極子**での磁荷の量子化条件は，この相対差に対する経路積分における整合性の要請から得られたものであった。

さてこのロンドンの仕事を受けて，1929年に満を持して登場するのが，装いを改めた対称性と相互作用に関する画期的なヴァイルの論文[82]である。この論文において，ヴァイルはまず電子の(2成分)スピノルψを考察し，それが時空の任意の点で自由にローレンツ変換を行えるように4脚場とよばれる自由度を用意する。そのうえで，この局所ローレンツ変換(4脚場の回転)のもとでの不変性(局所対称性)の要請からその共変微分にともなう接続場として電磁場を導入し，電子と電磁場の相互作用のかたちを定めるのである。

ここにおいて，局所的なゲージ変換のもとでの対称性から相互作用を規定する**ゲージ原理**(gauge principle)の思想が明確に提示されたのである＊6。ここで重要な点は，ゲージ原理はヴァイルが当初もくろんだ電磁気理論と一般相対性理論の統一の枠内ではなく，電磁気理論と量子力学との統一的な記述のなかで提起されたということである。そして現在ではゲージ原理は量子論的な物質間の相互作用——それはきわめて複雑な様相を示し，多様な粒子を生成消滅させる——を規定する指導原理として認知され，非可換ゲージ理論という枠組みで素粒子物理学の**標準理論**(Standard Model)を支える基盤になっている。

非可換ゲージ理論の“In the Making”

電磁場のゲージ理論が可換群$U(1)$に基づくものであるのに対して，非可換ゲージ理論はそれを$SU(2)$や$SU(3)$などの非可換群に一般化したものである。今回の話の締めくくりに，非可換ゲージ理論がつくり上げられた当時の「製作現場」の逸事を少しばかり紹介しておこう。

非可換ゲージ理論を最初にもっとも簡単な$SU(2)$の場合について構成し，論文として発表したのはヤンとミルス(R. Mills)である。それゆえ現在では，$SU(2)$に限らず一般の場合を含めて非可換ゲージ理論のことをヤン-ミルス理論とよぶことが多い。ヤンが自選論文集につけた解説[85]によれば，彼は1950年代になって著しく増加したメソンなど多くの「素粒子」たちとその複

＊6　なお，ここで紹介したヴァイル，シュレーディンガー，フォック，ロンドンの論文はすべてドイツ語で書かれているが，その英訳はゲージ理論の歴史に関する文献83の労作にすべて収められている。また文献84には，やや近年までの発展の概要が述べられている。

雑な相互作用を目の前にして，それら現象のうえから個別に整理して理論化するのではなく，何らかの原理のうえに立ってこれを理論化したいと考えていた。そしてそのための指導原理として，パウリ(W. Pauli)の解説論文を通して知ったゲージ原理を仰いで何年間も努力したが，うまくいかなかったという。

ところが1953年になってたまたま，数学者のミルスと研究所のオフィスが同室になったので，2人で議論して$SU(2)$の場合の理論構成にこぎ着けることができた。それは1954年2月のことであった。直後にプリンストンの高等研に招かれて発表したところ，聴衆のなかにパウリがいて，ゲージ場の質量——それは質量ゼロであるようにみえるが，自然界には光子を除けばそのような粒子は存在しない——について詰問されて立ち往生してしまった。しかしヤンらはこれにめげず論文を書き上げて6月に投稿し，10月には専門誌に掲載されている[86)]。

興味深いことに，このヤンらとほぼ同時進行のかたちで，しかも独立にまったく同じ$SU(2)$の場合の非可換ゲージ理論の構成を試みていた者がいた。英国のショー(R. Shaw)がそれである。当時，ショーはケンブリッジの大学院生で，のちに電磁気と弱い相互作用を統一する電弱理論への貢献でワインバーグ(S. Weinberg)らとともにノーベル賞を受賞することになるサラム(A. Salam)の学生であった。ショーの回顧談(それは同窓の数学者アティヤ(M. Atiyah)の追悼記事[87)]のなかにみることができる)によれば，彼の$SU(2)$ゲージ理論構築の動機はほぼヤンのものと同じで，また彼らと同様に1954年の初めには理論はでき上がっていたが，ゲージ場の質量がゼロであることが気になって，積極的に論文として発表する気になれなかった[*7]。こういった経緯から，彼の結果は1955年の博士論文のなかに収められたのみで，ほとんど誰にも知られない状態にあった。サラムはこのことを長く気にかけていたらしく，1979年のノーベル賞受賞講演のなかでショーの成果について言及し，かつ非可換ゲージ理論をヤン-ミルス-ショー理論とよんでいる。

さてショーと同じく，ヤンらと同時期に非可換ゲージ理論をつくり上げながら，発表の時期を逸した者がもう1人いた。それはわが国の内山龍雄である。彼の「痛恨記」と題した述懐[88)]を読むと，彼の一般ゲージ理論研究の動機にはヤンやショーと重なる部分もあるが，それよりもむしろヴァイルの

＊7　彼の成果の報告を受けたサラムも，おそらく同じ質量問題への懸念から，少なくとも当座は積極的に公表することをショーに勧めなかったようである。

ゲージ原理の思想のうえに立って，すべての相互作用を局所対称性の観点から導きたいという欲求が強かったことがわかる。そのため，彼は最初から $SU(2)$ といった特定の群に基づく非可換ゲージ理論ではなく，重力を含む一般的なゲージ理論を追究した。彼の述懐によれば，そのような一般ゲージ理論の大筋は1954年1月にはでき上がっていたが，幸か不幸か，ちょうどその頃にプリンストンの高等研から滞在研究の招待状が届いた。これを受けて，3月頃に研究の内容を日本語の論文にまとめ，これを初夏の研究会で発表したものの，どうせこんなこと(対称性からの相互作用の構成の研究は決して流行のテーマではなかった)を研究しているのは世界中に自分しかいないだろうと考え，これを英文の専門誌に投稿するのは渡米後に行うことにした。

ところが9月になってプリンストンに着いてみると，ヤンとミルスが類似の内容を発表したばかりだという。あわてて彼らのタイプ印刷された論文をみると見覚えのある数式が並んでいる。先を越されたと思い，自分の仕事を公表することはやめにしたが，高等研の滞在が1年延長になった翌年3月に，再度ヤンらの論文を見直してみて，初めて彼らの仕事が $SU(2)$ に限定されたもので，自分のものよりはるかに内容が少ないことに気づいた。そこで気を新たに執筆したのが，1956年に掲載された不変性と相互作用に関する論文[89]であった。内山の場合もショーと同じく，仕事が完成したときにただちに論文を書き上げて発表していれば，ヤンらの論文よりも早く掲載された可能性もあっただろうし，また仮に同時期になったとしても，内山の論文のほうが豊かな内容を含んでいることから，少なくとも彼の名がヤンらと並んで顕彰されないことはなかっただろう〈**表1**〉。

この内山の残念な経緯は，彼の述懐を収めた著書が日本語で書かれているために海外ではほとんど知られることはなかったが，前世紀末に出たオラ

表1　ヤン-ミルス，ショー，内山の回顧録などの内容に基づく非可換ゲージ理論の仕事の進展状況の比較

著者	完成	口頭発表	論文受理	論文掲載
ヤン-ミルス	1954年2月	1954年2月 (プリンストン高等研)	1954年6月28日	1954年10月1日
ショー	1954年初め	×	×	1955年(学位論文)
内山	1954年1月	1954年5月か6月 (京都大学基礎物理学研究所)	1955年7月7日 (日本語論文は 1954年3月頃に完成)	1956年3月1日

ファティ(L. O'Raifeartaigh)著『ゲージ理論の夜明け』[83]にその英文抄訳[*8]が収められたことを契機として，その後は少なくともゲージ理論発展の科学史的研究のうえから見落とされることはなくなったようである。

＊8　蛇足ながらここに記しておくと，この抄訳は筆者の手によるものである。1992年頃，ゲージ理論の歴史を長年，丹念に調べていたオラファティ教授がどこからか内山の著書について聞き知り，当時，ダブリン高等研で彼のもとで研究員として共同研究を行っていた筆者に該当部分の翻訳のお鉢が回ってきた。本にするとは聞かされていなかったこともあり，大意が通じればよいと考えて気軽に訳して渡したのであるが，何とそれがほとんどそのまま掲載されている。後日，なぜネイティブとして英文を改訂しなかったのかと問うと，「日本人らしい英語だからそのままのほうがよい」との返答であった。

第12話

電磁場のパラダイムの変遷：エーテルの行方

場とエーテルの思想

いよいよ今回で最終話を迎えることになったので，このあたりでこれまであえて避けてきた問題にふれておきたい。それは**エーテル**の問題である。これを避けてきた理由は，この本の話題がファラデー以後，おおよそ時代を追いつつ20世紀に至っているなかで，エーテルはある一時期だけの思想ではなく，きわめて長期間にわたるものであるからである。加えて，エーテルは優れて相対性理論に関連する話題であって，量子論とは無縁のものだとみなされていることにもよる。しかしこの第12話では，エーテルは現在も生きている課題であること，そしてそれはけっして量子の世界とも無縁ではないことを述べておきたい。

通俗的な理解では，電磁波としての光の伝播の媒体として想定されていたエーテルが追放されたのは，1887年に行われたマイケルソンとモーリー(E. Morley)の実験が，あるべき地球の公転運動による「エーテルの風」の影響を検出しなかったことと，1905年のアインシュタインの特殊相対性理論が，エーテルが静止する絶対的な座標系を否定し，電磁波の媒体を前提とせずに彼らの実験の結果を説明したことによるものと考えられている。しかしこれは事実に反する。そしてこのことを理解するためには，しばし時代をさかのぼる必要がある。

本書の初めに書いたように，電磁気現象の理解に力線という描像を導入し，これによって近接作用を引き起こす電磁場の存在を提示したのはファラデーであった。彼の仕事を理論的にまとめ上げたマクスウェルや，そのよき助言者でもあった先輩のケルヴィン卿も，電磁場を基本的な存在形態として認識していた。力線という描像の理論化には流体の概念が援用されたが，このことは，場にはそれを支える何らかの媒体が存在することが当然の前提であった。つまり彼らは，真空には場の媒体としてのエーテルが充満していると考えていたのである。

そのうえで，マクスウェルは電磁場が波動として空間を伝播し，その速度が光の速度と一致していることを理論的に見いだした。ヘルツがその実証実験を行ったのは，マイケルソン-モーリーの実験とほぼ同じ頃であったが，その結果，電磁場の媒体が昔から想定されてきた光の媒体であるエーテルと同一のものらしいことが判明する。当時，この結果はエーテルの媒介による電磁気現象の理解の正しさを実証するものとして受けとめられた[*1]が，それはまったく自然なことであった。媒体なくして，いったいどのように波動が伝わるのだろうか。水面に立つ波も音の波も，それぞれ水と空気という媒体があって初めて伝播が可能になるのである。電磁場が存在するとすれば，その現象を生み出す媒体がその存在場所になければならないのであり，それゆえそのモデルづくりにマクスウェルもケルヴィンも腐心したのであった。彼らが想定したモデルから電磁場の方程式を導くには至らなかったが，それでもなお，場の実体はそこにあると考えていたのである。

さらに，エーテルが場を生成するとすれば，その状態によっては場の力線に端点が生じることもあるだろう。そうだとすれば，それは荷電粒子にあたるのではないか。また場が渦を成す場合には，その中心には電流が流れるのではないか。さらに進んで，物質とは究極的には場あるいはエーテルの特殊な形態ではないか，といった考えにも到達する。当時，英国の多くの物理学者たちはこのようないわば「場の一元論」の考えに傾いていたようであるが，その方向の研究はマクスウェル方程式の背後にある物理の理解には役立たず，実のあるものとはならなかった。

これに対して，電磁場（を支えるエーテル）と電荷（電流）の源としての電子の「場と粒子の二元論」を唱えてマクスウェル方程式の解釈を明快なものにし，電磁気現象に対する現代的な視点を導入したのがローレンツであった。マクスウェルが誘電体としてのエーテルによって電荷が生じると考えたのに対して，ローレンツは電荷は粒子が担うものとし，場を担うエーテルとの役割分担を截然（せつぜん）と分けたのである。ローレンツはマイケルソン-モーリーの実験結果を説明するために，物体がエーテルを横切って運動するさいに，物体の長さが変化するという**ローレンツ収縮**の考えを提出し[*2]，さらに1904年にはローレンツ変換を導いている[*3]。エーテルとの相対運動によって時空が収縮するというのは奇矯なアイデアではあるが，たしかにマイケルソン-モーリーの実験結果を整合的に説明することができる。そしてそれは特殊相対性理論とも矛盾しないのである。

特殊相対性理論を発表した当時のアインシュタインがエーテルに否定的であったことはたしかである。しかしその否定の根拠は，相対性原理に基づいた実験結果の説明に比べて，実証できないエーテルに基づくローレンツの説

＊1　1888年にバースで行われた英国科学振興協会の年会でのフィッツジェラルドの総合報告中に，「ヘルツの実験は電磁気学におけるエーテル理論を証明するものである」とある[90]。

＊2　これは先にフィッツジェラルドが提案していたものであることから，フィッツジェラルド-ローレンツ収縮ともよばれる。

＊3　ローレンツ変換をとり巻く歴史的経緯については，文献91にくわしい。

明は不要な要素を含む(superfluous)ものであるという，実証主義に基づいた経済性の観点であった。またローレンツの電子論が黒体輻射を正しく再現できないことが，その背景にあったのかもしれない[92]。いずれにせよ，物理では2つの説が同じ結果を導くならば単純なほうを採用することが通例であるから，その意味ではアインシュタインの主張は常識的なものであった。しかし，それなら物理学の基本思想として従来より受け継いできた場の存在基盤としての媒体を追放してしまってよいかといえば，これにも疑問が残る。つまりその判断は容易なものではなかったのである。

実際のところ，この時代の多くの物理学者はエーテルを信奉していたし，またアインシュタインの議論がローレンツを説得することは生涯なかった。それどころか，一般相対性理論を発表した後，反対にアインシュタインのほうが積極的にエーテル —— 昔とは異なる意味においてではあるが —— を受容する立場に変わっていく。このことを，次に彼自身の言葉を中心にたどってみることにしよう。

アインシュタインとエーテル

アインシュタインは1920年に，ローレンツが本拠地としたオランダのライデン大学で「エーテルと相対性理論」と題した講演を行った[93]。この講演は一般の聴衆に向けて行われたらしく，アインシュタインは数式をいっさい使わずに，エーテルの概念の重要性と相対性理論との関係性について，歴史的な観点を織り交ぜつつ見事な解説を行っている。

これをかいつまんで述べると，エーテルは，元来はニュートンの重力を近接力として説明するために導入されたが，理論的には何ら進歩をもたらさなかったことから等閑視されていた。しかし19世紀になって，光の伝播を説明するための媒体として再び脚光を浴びるようになり，さらに光と電磁波との同等性が示唆されるようになると，マクスウェルの法則をエーテルの力学的性質によって説明しようとする機運が生まれた。その試みが成功しなかったことから，エーテルの存在を暗黙に認めながらもその力学的モデルについては具体化せず，そのかわりに場を基本的概念として認容しようとする折衷的な態度が拡(ひろ)がることとなった。

このような状況のなかでローレンツが電子論を提出し，前に述べた「場と粒子の二元論」によってエーテルと電子に確固とした役割を与えたのであるが，ローレンツのエーテルは，アインシュタインの特殊相対性理論の立場からみれば，「運動することができない」ことがその唯一の力学的性質であった。というのは，仮にローレンツの理論で物理の方程式が慣性系の選択に依存しないとしても，特定の慣性系ではエーテルが静止し，別の慣性系では静止していないとすることは，慣性系の同等性の立場からは承服できないことだからである。

手短かにいえば，電磁場の担い手としてのエーテルの存在を否定し，電磁場それ自身が存在の実体であるとする立場が生まれる……のではあるが，ここでアインシュタインは次のように述べる。

> しかしもっと注意深く考えると，特殊相対性理論は必ずしもエーテルの存在を否定するものではないことがわかろう。すなわちわれわれはエーテルが実在するものと仮定してもかまわない。ただしエーテルにある定まった運動状態を付与することは諦めねばならない。つまりローレンツの残した最後の力学的特性をわれわれはエーテルからはぎとってしまわねばならない。

すなわち，アインシュタインはここで「運動という概念を適用することができない物理的対象」としてのエーテルの存在は認められるとしたのである。たとえばファラデーの力線は電磁場の理解に役立つ描像であるが，これに「運動という概念を適用」しようとすれば，第1話で述べた単極誘導において現れたような力線の実在性への疑問が生じる。これと類似の問題がエーテルにも生じるが，これを避けるには「運動という概念を適用」しないものとして理解せよ，というわけである。

それでは先にふれた，かつてのアインシュタインの実証主義に基づいたエーテルの否定はどうなったのだろうか。この疑問に対して，彼はその否定の議論はそのままにしつつ，次のように続ける。

> ところが，ここにエーテル仮説に有利な一つの強力な議論がある。すなわちエーテルを否定することは究極的には真空というものがまったく物理学的性質をもたないと仮定するのと同じことになる。このような観点は力学の基本的事実と両立しえない。なぜならば，真空中を自由に飛び回っている物体の系の力学的ふるまいは相対的位置（すなわち距離）や相対速度に依存するばかりでなく，またその回転の様子にも依存する。この回転は物理的には体系自体に帰属しない一つの特性と考えられ，体

系の回転を少なくとも形式的には実在と見なすことができるように，ニュートンは“空間”を一つの客観的対象と考えた。このようにニュートンが彼の絶対空間を実在する物体と同類のように考えて以来，絶対空間に相対的な回転は彼にとって一つの実在となった。ニュートンは彼の絶対空間を“エーテル”と呼んでもよかったであろう。ここで本質的なことは観測可能な対象物のほかに知覚できないもう一つの物，すなわち空間もまた一つの実在する対象と見なさねばならないということである。これは加速度や回転を単なる見かけ上の現象でなく，実在と見なすことができるために必要なことである。

結局のところ，エーテルは物体の運動を実在とみなすために真空としての空間に付与しなければならない実在性だということを，アインシュタインは強く認識していたことになる。そしてこれは電磁場の力学的な媒体としてのエーテルを発展的に再生させた概念であり，とりわけその必要性は時空を扱う一般相対性理論において重要になる。なぜなら，そこでは計量$g_{\mu\nu}$が時空を記述することになっており，あらかじめ空間がそのような属性をもって実在していることが暗黙の前提だからである。ローレンツの電磁気理論のエーテルから相対化によって導き出されたアインシュタインの一般相対性理論のエーテルは，現在の重力理論において表立ってとり扱われることはほとんどないが，その根柢(こんてい)にある場や物質を受容する媒質という考えは，われわれの自然認識のうえでどうしても放棄できない基本概念となっているのである。

アインシュタインは講演の終盤近くで，彼の後半生のテーマとなる重力場と電磁場との統一理論についてふれて，それが完成した暁にはエーテルと物質との対立(二元論)が消え去り，物理学は1つの完全な思惟(しい)体系となるだろうとし，そのうえで，

理論物理学の近い将来を考えるとき，量子論に含まれている事実が，場の理論に対してそれが越えられぬ限界を定めるという可能性を無下に否定するようなことはすべきでない。

と述べている。この“予言”が，ハイゼンベルクらの量子力学の定式化の5年前になされていたことは注目に値する。

ディラックのエーテルと量子真空

このアインシュタインのエーテルの講演から30年ほどした1951年に，ディラックが「エーテルは存在するか」と題した小さな論考を発表している[94]。そこで述べられたことは，先のアインシュタインによる相対性理論との関連によるものではなく，今度は量子論におけるエーテル概念の再生の可能性の示唆であり，いかにもディラックらしい新奇なものである。

この論考のなかで，まずディラックは特殊相対性理論とエーテルの矛盾点をアインシュタインの古い立場に立脚して真空のなかに見いだす。すなわち，特殊相対性理論では完全な真空状態にある時空の領域には特定の方向はなく，あらゆる方向が等しいものになっていなければならない。しかるに，もしエーテルが存在するとすれば，その領域の各点で「エーテルの風」が存在することになるから，その結果として等方性が破れてしまう。しかしこの矛盾は，量子論的な真空状態が各点であらゆる方向の「エーテルの風」の重ね合わせ状態になっていれば避けることができる。それは重ね合わせの結果，全体として方向性が相殺(そうさい)してしまうからである。

たとえば水素原子の場合を考えてみよう。それは陽子と電子とで構成されているから，古典論的にはこの2つの粒子をどのように配置させても，陽子と電子とをつなぐ特定の方向性が生じる。つまり物理的な実在像を描くうえでは，水素原子の状態は回転に対する対称性がない。ところが，量子力学ではその最低エネルギー状態（S波状態）は球面対称性をもち，電子は陽子のまわりを一様にとり巻いて分布していると考えている。つまり，古典的なモデルでの状態に対称性がない場合でも，量子的なモデルでは対称性をもち得るのである。これと同じことが，エーテルの量子論の真空状態に生じたとしても何ら不思議ではなく，それならば特殊相対性理論との矛盾が解消してエーテルが許されるのではないか。

もちろん，エーテルの場合の対称的な真空状態は，量子力学の状態としては時空のなかで一様な確率分布をすることになることから，全確率が1となるように規格化を行うことができないという問題は残る。しかし，特定の運動量をもつ状態も同じように規格化できないにもかかわらず，散乱問題において物理的に重要な位置を占めているではないか。規格化できないのは，考えている状態が理想化された状態であるにすぎないのであり，実際上は適当に局在化しているとしていっこうに差し支えない。

ディラックはこのように量子化によるエーテルの救済法を説いたが，一方，場の量子論では最低エネルギー状態としての真空状態が時空の対称性をもち，しかもそれが「真空」という名に背いて空っぽなものではないことはよく知られている*4。現在，この真空状態とエーテルの状態とを結びつけて論じられることはまずないであろうが，考えてみれば，元来，場の量子論は対象とする場がどのようなものかを最初に規定することを出発点とし，それはあらかじめ時空のなかに特定の場の種を撒(ま)いておくことに相当する。たとえばマクスウェル理論を量子化した量子電気力学の場合は，あらかじめ電磁場と電子のような荷電粒子の種を時空に撒くことによって，真空状態は仮想的な光子と荷電粒子がつねに生成消滅するものとなり，また外部からの揺動によってこれらの粒子が生成されることになるのである。そのような量子的な真空状態は，19世紀にファラデーやマクスウェルらが想定した電磁場を支える力学的モデルとしてのエーテル像からも，案外，遠くないものなのかもしれない。

ベルとエーテル：量子の非局所性

前節では量子論がエーテルと相対性理論との矛盾を救済するシナリオを論じたが，今度は逆に，エーテルが量子論の局所性にまつわる困難を救済する可能性の話をしよう。

周知のように，量子力学にはその創設以来，観測問題など種々の基本概念に関する問題がつきまとっており，現在でもそれらについて明確な理解ができる段階には至っていない。そのなかに，アインシュタインがボーアと論争した最後の対決として有名なEPRパラドックスの問題がある。これは，もし物理量の実在性と局所性(遠く離れた部分系は互いに影響されず独立であること)を要請するならば，測定によって物理量が確定している状況においてさえも，量子もつれ状態にある部分系の波動関数は一意に定まらず，したがって自然界に実在する状態の記述としては不完全なものになるという問題である。

この問題の是非を実験的に検証することを可能にする不等式を発見したのが，北アイルランド生まれのベル(J. Bell)であり〈**図1**〉, 1964年のことであった。この不等式は，特殊な相関(2つの部分系における測定結果の関係性)の

---

*4 「真空」の物理については，たとえばラフリン(R. Laughlin)の啓蒙書[95]に，さまざまな角度から論じられている。

組み合わせが，実在性と局所性の前提のもとでは上限値をもつとするもので，量子力学で求めた値はこの上限値を超えてしまうのである。爾来(じらい)，ベルの不等式は実験的検証にかけられ，現在では非常な精密さでその破れが実証されて，実験で測定された相関が量子力学の予言ときわめてよい精度で一致することがわかった*5。この**量子相関**の不思議な性質は，近年の量子情報科学において，たとえば安全性の保証された量子暗号通信や，瞬時に状態を遠くに移動させる量子テレポーテーションなどに応用されており，いまやその存在を疑う者はいない。

図1　1973年，職場のCERN（欧州原子核研究機構）でのベル（© 2014-2016 CERN）

さて以上のことから，論理的には実在性と局所性の少なくともどちらかをあきらめねばならないことになったのであるが，この問題についてベル自身がインタビューに答えているものが興味深い[98)]。ベルによれば，この困難の「もっとも安易な解決策」は，ローレンツのエーテルにもどることだという。そうすると，エーテルが運動していないことを条件に特定の慣性系が選び出されることになるが，それにもかかわらずローレンツ収縮のために実際にはそれがどの慣性系かを実験的に検証することはできない。しかしこの特定の慣性系では信号は光速を超えて伝わり，その結果，非局所的な相関が生じるとするのである。

これが本当に起こるならば，観測者のいる慣性系によってはローレンツ変換によって信号が時間に逆行して進むかもしれない。しかしそういった現象はエーテルの運動と同様に見つかっていないから，それらが表面化しない何らかの隠されたメカニズムがあるのではないか。ベルはおおよそこのような着想を述べた後で，聞き手から，それではあなたは客観的な実在性を保持し，局所性は放棄するのですねと念を押されて，

*5　量子力学の基礎問題や，ベル不等式の破れの意味について解説したものは多くあるが，ベルの論文集がその深い理解にはもっとも好適である[96)]。一般向けの簡易なものとしては，筆者のものをここに便乗して挙げておこう[97)]。

そのとおり。人は実在性のある世界観を欲するものだし，たとえ観測できないような場合でさえも，世界はあたかもそこにあるものと信じています。私が生まれる前にも世界はたしかに存在したはずで，また私の死んだ後も世界は存在するでしょうし，あなたもそのなかにいるものと思います！　そして大部分の物理学者は，もし哲学者に問い詰められれば*6，きっと私と同じ見解を示すだろうと信じているのです。

と答えている。

このベルの見解は，アインシュタインの見解とかなり近いもののようにみえる。量子論の勃興時から深くその建設に関与してきたアインシュタインは，生涯，相対性理論について考えた100倍もの時間をかけて量子論について考えたと述懐しているが[59)]，それでも自分で納得のいく結論を得ることはできなかった。ベルも後半生は量子力学の基礎の解明に尽力し，深い洞察力を示した論考を多く発表したが，やはり同様に満足のいく答えを得ることはなかったようである。その2人が実在論的な立場を固く守り，そしてエーテルの存在に寛容であったこと，またこの2人と少しく立場を異にしたディラックも，エーテルの復興の可能性を論じていた。19世紀以来の電磁気現象の整理と理解に由来するエーテルの物理的考察の流れは，こうして現代の量子力学の研究にまで及んでいるのである。

*6 この付帯条件は重要である。なぜなら，表面的には実証主義の立場から，観測できないものの実在を想定しない，信じないという態度をとる物理学者が多いが，それでは量子相関の実体はどのように説明できるのかと哲学的に徹底して追及されれば，結局のところ，素朴な実在論の立場に立ちもどらざるを得ないのではないかという含みがここにある。

番外編

輻射熱と電磁場の合流：熱から黒体輻射へ

熱からの量子論への流れ

19世紀の物理学は，本書で扱った電磁気学とともに，熱力学（と統計力学）がその発展の大きな柱であった。熱とはいったい何かについては，産業革命が本格化し，蒸気機関の改良が行われた17世紀後半からさまざまな議論が展開されたが，それらがようやく統一的な姿をみせ始めたのは19世紀に入ってからであり，最終的に落ち着いたのは熱力学の基本法則が整備されるのを待ってのことである。その過程において，とくに量子論との関連で重要なのは，プランクのエネルギー量子を導くことになる黒体輻射の概念の創出であり，ここにおいて電磁気学に加えて熱力学が量子論に至る大河に合流することになる。この番外編では，その経緯を当時の状況をもとに歴史譚(たん)風にたどってみることにしよう。

伊豆韮山の反射炉

西伊豆の温泉を訪れたさいに，近くの韮山(にらやま)にある**反射炉**を目にした人もいるだろう。これは現地の幕府代官の江川太郎左衛門坦庵(たんあん)によって築造されたもので，海防を目的とした西洋式の大型鉄製大砲を鋳造するためのものであった。坦庵はつとに天保年間から大砲鋳造の構想をもっていたが，それが反射炉建設のかたちで実現するのは10年以上後の安政4（1857）年のことであり，この年，現在も残る2基4炉が周辺の関連施設とともに完成している。反射炉は水戸，佐賀，薩摩，萩などの藩でほぼ同時期に建設されたが，そのほとんどは明治維新後に撤去され，あるいは放棄されて原形を留めない。そのなかにあって，この韮山のものは当時のものがそのまま保存修理されて残されており，世界遺産に認定された今でも鋳造工程が運用可能であるかのような生々しい印象を与えている〈**図1**〉。

図1　韮山反射炉（文献99より転載）

幕末とはいえ安政4年は翌年の安政の大獄を控えた時期で，幕藩体制の崩壊の兆しはまだはっきりとはみえておらず，西洋科学の移入も長崎からの細い流通経路に限定されていた。そのなかにあって，先進的な反射炉が幕府直轄地の韮山をはじめ，御三家の一つの水戸藩から外様の薩摩藩まで各地で建設されていた。蘭方医学を除き，物理学のような西洋科学がほとんど移入されていなかったわが国において，このような大型施設が建造され，不十分ながらも大砲の製造に成功していた*1ことは興味深い。

これらの幕末の反射炉は，天保年間に長崎から入手した一冊の蘭書『ライク王立鉄大砲鋳造所における鋳造法』(ヒュゲニン著)[101]を参照してつくられたものである。その図面はいまも残されているが〈**図2**〉，このような簡略な図面をもとに，あのような精密さを要する大型施設をつくり上げたことには驚かされる。まったくの手探りのなかで，当時の技術者たちは自分たちの仕える藩の垣根を越えて技術交流し，藩の上層部はこれを支援するとともに

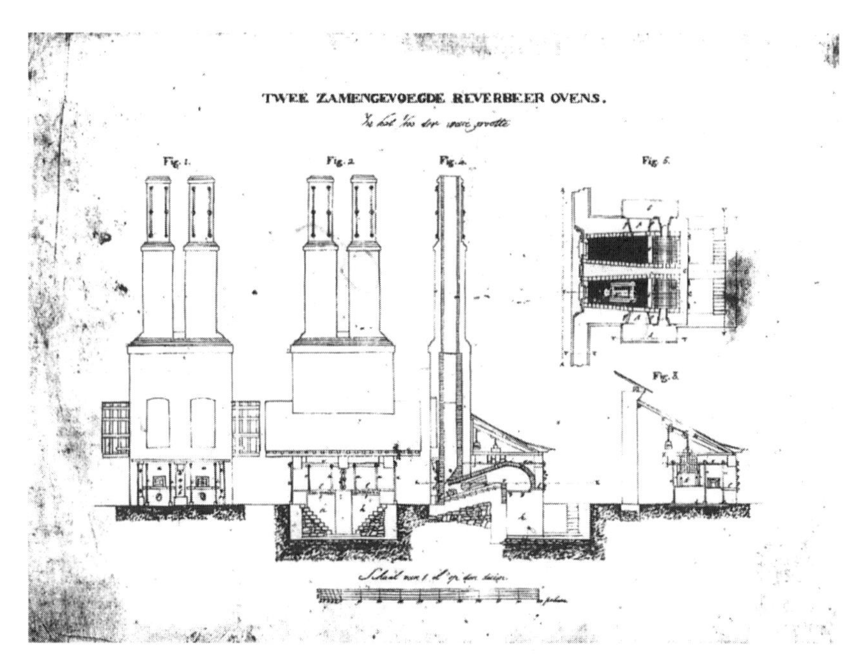

図2　『ライク王立鉄大砲鋳造所における鋳造法』(ヒュゲニン著)所載の反射炉図面
(大砲鋳製之図 U. HUGUENIN 表紙一枚 絵図，東京大学史料編纂所所蔵)

＊1　建設されたなかでもっとも成功したのは佐賀藩の反射炉で，一部の完成品は品川の台場や長崎の砲台に設置された。しかしながら，多くの場合は製造後，試射のさいに壊れるなどして，必ずしも意図したような高い性能の大砲を大量に鋳造するには至らなかったようである[100]。

優秀な技術者には士分格を与えるなど，行き届いた配慮が行われたようである[100)]。

反射炉の「反射」の名は，大型の大砲に適う良質な鉄を原料である銑(せん)鉄から生産するために，炉内部の溶解室の天井部分において熱や炎を反射させ，十分な高温を実現することに由来する。したがって，その成功の鍵はこのドーム型の溶解室の設計と施工が握ることになるが，実際の韮山反射炉の内部構造〈**図3.1, 3.2**〉をみると，たしかに放射熱を天井や側壁で反射させ，原料の銑鉄に集中させるようにつくられている。

この反射炉の建設に携わった幕末の技術者たちは，明らかに「熱を効率的に反射させる」ことを念頭に溶解室を設計し，入念に施工しているが，それでは彼らは反射される熱とはいったい何だと考えていたのであろうか。焚(たき)口に置かれた燃料である石炭やコークスの燃焼によって生じた熱は，同時に生じた光が運ぶものであり，したがってそれは光とともに溶解室の壁面で反射すると考えたのかもしれない。竈(かまど)の火もろうそくの炎も，光とともに熱を発生するから，両者は相伴うものであると考えるのは自然なことである。しかし実際のところ，この反射炉で実現された温度は約3000度（ケルヴィン）と推定されるから，その大部分の熱エネルギーは赤外線の領域にあり，目にはみえないものであった。無論，そんなことは幕末の技術者たちには知り得ぬことであったが，それでは当時の西欧での熱の理解はどのようなものだったのであろうか。

図3.1　韮山反射炉の溶解室の内部。出湯口側（左），焚口側（右）。いずれも文献99より転載

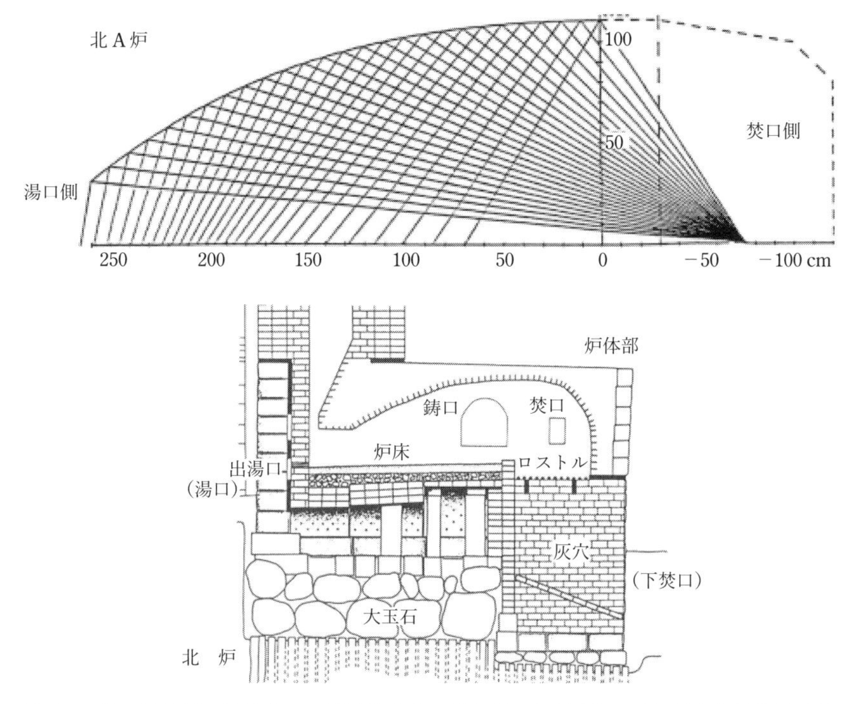

図3.2　韮山反射炉の溶解室の内部構造(下)，熱輻射の反射(上：韮山高校物理部反射炉研究班による数値計算)。いずれも文献99より転載

ハーシェルの赤外線の発見

熱の本性については，古くから物質論と運動論の両論が併存していた。このうち前者は燃素(フロギストン)や熱素(カロリック)説として唱えられ，18世紀にはラヴォアジエ(A. Lavoisier)やラプラスによって理論的に整備されて，19世紀のカルノー(S. Carnot)に至るまで大きな影響力を保っていた。

これに対して後者の運動論は，18世紀末のランフォード伯トンプソン(B. Thompson)による摩擦熱を発生させる実験が，それを支持するものとしてよく知られる。とくに熱せられた物体が発する輻射熱については，同時期に光の振動説を唱えていたヤングがとり上げて，その本質は光と同じく振動によるものであり，したがってそれはエーテルの運動であるとする説を唱えた。物質論では熱と光の根源は別ものということになるが，運動論では熱輻射と光は等質のものであり，この考えは熱と電磁気の共通面を認識するうえで革命的な視点であった。そしてこのヤングの明察に決定的な影響を与えたのが，天王星の発見で知られるハーシェル（W. Herschel）〈**図4**〉による赤外線の発見なのであった。

ハーシェルのキャリアはとても興味深い。1738年にドイツに生まれた彼は，オーボエ奏者の父に従って英国に渡り，前半生はプロの音楽家として活動した。若い頃から父と同じオーボエ奏者として働き，オーケストラではヴァイオリニストを，教会ではオルガンを弾いた。40代半ばまでに24の交響曲をはじめいくつかのオーボエ協奏曲や宗教曲を作曲したが，その一部は現在でもYouTubeで聴くことができる。そのかたわらで，彼は音楽学者スミス（R. Smith）の音響と哲学に関する著書に影響されて光学や天文学に興味をもち，自ら望遠鏡を製作して天文観測を始めた。多くの二重星を見つけてそれらを系統的に整理する作業のなかで，1781年に発見したのが天王星であり，それは古代から知られていた水星から土星までの惑星に，初めて新しい惑星をつけ加えることになる画期的な発見であった。彼はこれを当時の英国王ジョージ3世にちなんで“Georgian star”と命名したが[*2]，これを契機として王立協会の会員に推挙されるとともに，スペイン王などからも多くの注文を受けてニュートン型の反射望遠鏡を改良した大型望遠鏡を製作するなど，優れた望遠鏡制作者としても知られるようになった。

図4　天王星を発見し，天文学者および望遠鏡制作者として知られるようになった1785年頃のハーシェル

このようにして後半生は天文学者として活躍したハーシェルが熱の問題に関わる契機は，太陽活動の変化と地球の気候変動というきわめて現代的なテーマを念頭に，太陽黒点の観測を行ったことにあった。彼は太陽光線の熱を除去するための効率的なフィルターを探す目的で，太陽光をプリズムを用いて虹色のスペクトルに分解し，光の色による熱量の変化を温度計を用いて順次調べた。すると，紫色から赤色になるにつれて温度計の上昇が大きくなるが，驚くべきことにさらにその外側の暗い領域においてさえも，

＊2　この星はフランスでは英国王名を避けて新惑星を発見者名のハーシェルとよばれたが，紆余（うよ）曲折の結果，発見から80年以上後になってようやくギリシャ神話の天空の神の名から天王星（Uranus）と命名された。

さらに上昇幅が増えることを見つけた〈**図5**〉。すなわち，光スペクトルの赤色の外側（赤外）の人の目にはみえない領域に，太陽から熱を運ぶ何ものかの**赤外線**がやってきているという発見である。それはハーシェルが還暦をすでに越えた1800年のことであり，のちにプランクが黒体輻射の理論的説明に苦衷した挙げ句，エネルギー量子を捻り出すちょうど百年前のできごとであった。

ハーシェルは論文[103]において，太陽からくる熱は光と同じく反射や屈折の性質を示すなど類似性はあるが，上に述べた赤外線の存在などからは両者は（いわば光線と熱線という）別ものであると結論づけた。これはファラデーがまだ製本屋の見習いにもならぬ頃のことであり，ケルヴィンやマクスウェルも生まれていない電磁気学の黎明前であったことを思えば，鋭い観察として讃(たた)えられるべきものだと思われる。

この観察を真摯に受け止めつつも，「光と熱の違いはただたんにその振動ないし波動の振動数のみにある」と見抜いたのは，ハーシェルよりもずっと若くまだ20代のヤングであった。ヤングの光の波動説は熱の波動説ととも

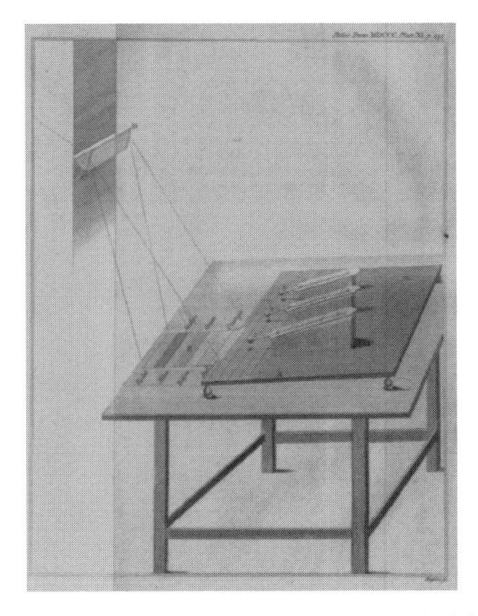

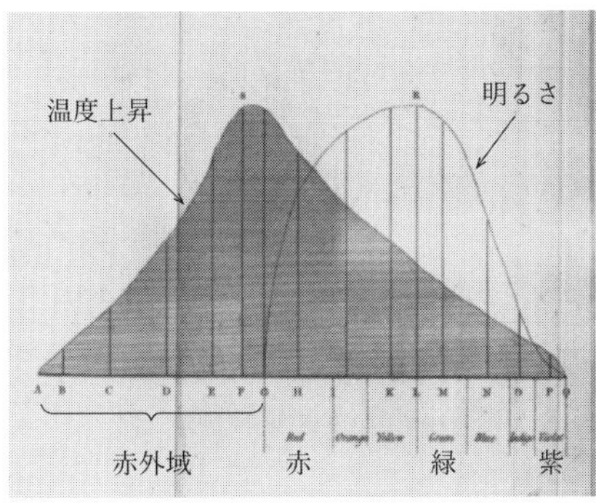

図5　赤外線を発見したハーシェルの実験（左：文献102）と，測定された光と熱のスペクトル（右：文献103）。太陽光をスペクトルで分解し，赤色の外側の暗い領域に温度計を設置すると，可視領域よりも大きな温度上昇が認められ，逆に紫色の外側では温度上昇は認められなかった。左図の手前の温度計は可視光スペクトルの延長上（位置は可変）に置かれ，向こうの2つの温度計は比較のために置かれたもの。右図の黒灰色の山が手前の温度計の温度上昇を，その右の細かい点線で描かれた山が光の明るさの強度を表す

に唱えられたが，彼は光や熱には振動的な状態と波動的な状態の2つの形態があり，前者は物体の運動であり，後者はエーテルという媒質の波動であると考えていた。このヤングの二元論は，当初はほとんど受け容れられなかったが，その後，反射，屈折，偏光といった性質が精緻に調べられていくなかでアンペールらによって理論的に補強され，19世紀の半ばには科学者のなかにかなり浸透していたようである[*3]。

分光学と輻射法則

ハーシェルのプリズムを用いた太陽の観察は，19世紀に入って一気にその研究方法が拡大，発展する。第6話で述べたように，1802年，英国のウォラストンが太陽のスペクトル中にいくつかの暗線があるのを見つけたが，1814年にはドイツのフラウンホーファー（J. von Fraunhofer）が詳細に調べて500本以上の暗線を発見し，それらを波長により分類した。ハーシェルが望遠鏡を製作したように，フラウンホーファーも自ら分光器を製作して研究した。まず彼は炎のスペクトル中に明るい輝線があり，それが燃焼する化学物質に特有なものであることを確認したが，同じ輝線が太陽スペクトル中にも存在するかを調べようとして逆に暗線があるのを見つけた。彼はさらに進んでシリウスなど遠く離れた星のスペクトルを測定し，それらが太陽のものを含めて互いに異なるものであることを発見したが，ここにおいて天体分光学が幕を開けることになる。

このような経緯で，経験的にスペクトル中の輝線と暗線には位置のうえで決まった対応があり，さらにそれらの強度にも相関があること――多く輻射するものは多く吸収する――が判明したが，このことは英国では比較的早くレスリー（J. Leslie）によって実験的に見いだされていた[107)]。しかしながら，フォーブス（J. Forbes）が19世紀の半ばに至る研究を通して輻射熱の偏光現象の存在を示し，また波長と色彩の関係を整理するまでは，そのメカニズムについては精密な議論が行われないままであった。これに最初に手をつけたのが，エディンバラ大学でフォーブスの助手を務めたスチュワート（B. Steward）であり，ここにおいてようやく，熱の輻射と吸収の関係やその波長への依存性が，さまざまな物質のスペクトルを手がかりに明らかになったのである。さらに，カルノーらの議論によって発展した熱力学的な考察が加

＊3　熱学の発展史については，文献104–106が参考になる。

えられることで，その関係に普遍的な様相が加わることになる。

英国でのフォーブスとスチュワートの関係は，ドイツではキルヒホフとブンゼン〈**図6**〉の関係になぞらえることができるかもしれない。ブンゼンは化学実験の必需品であるブンゼンバーナーの発明者として知られるが，それがもたらす高温で不純物の少ない炎を用いて，多くの化学物質の分光学的研究を行った。彼ら2人の分光学的研究によって発見されたセシウムやルビジウムは，今日，原子時計や電子機器，レーザー技術に欠くことのできない元素となっている。

図6　1850年頃のキルヒホフ(左)とブンゼン(右)

さてキルヒホフはこの発見とほぼ同時期の1859年，スチュワートとは独立に輻射と吸収の関係性の法則 —— それは現在，**キルヒホフの輻射法則**とよばれる —— を提出している。この法則は，熱平衡状態にある物質の熱輻射(輻射能)と吸収率との比は，温度と輻射の波長のみによって定まり，物質の種類にはよらないことを主張する。これをキルヒホフは次のような平易な議論[108)＊4]で導いている。

まず〈**図7**〉のように，無限に拡がった板状の物質Cがあり，それが同様の板状の参照物質C_0と向かい合っている状況を考える。両者は温度Tで熱力学的な平衡状態にあり，それぞれの背後にはすべての波長の熱輻射を完全に反射する鏡M_Rと鏡M_Lが取りつけられている。ただし，参照物質C_0はある特定の波長λ_0の波長の輻射や吸収，反射には関与するが，それ以外の波長$\lambda \neq \lambda_0$の熱輻射には透明であり，その反射にも吸収にも関与しないとする。一方，物質Cのほうはそのような制限は一切なく，すべての波長領域で反射や吸収を行うものとする。

ここで$\lambda \neq \lambda_0$の波長の熱輻射を考えよう。このとき物質C_0はこれに関与せず，たんにその背後に鏡があるだけだから，物質Cから放出された輻射はその鏡M_Rで全反射されることになる。反射された放射の一部は物質Cに吸

＊4　ここでは説明の便宜上，多少，記法と用語を変更した。なお，後出のもう1つの文献109と併せて，キルヒホフの2編の論文は文献110に訳出されている。ただし，訳文は(後年，刊行された論文集に基づいたためか)原論文とは多少の異同がある。

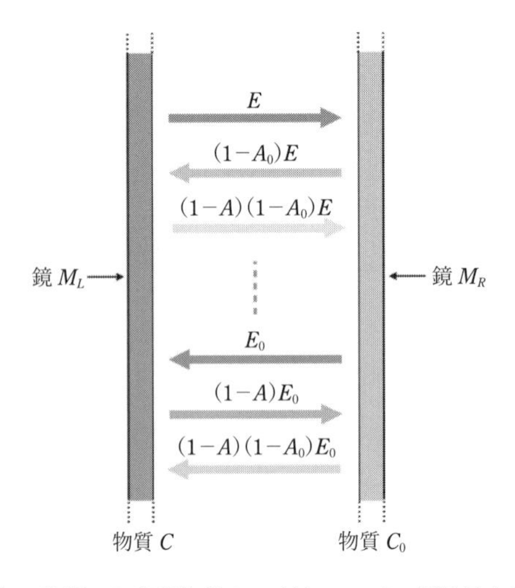

図7　熱平衡状態にある物質Cと参照物質C_0に対して，Cの輻射量をE，吸収率をAとし，同様にC_0の輻射量をE_0，吸収率をA_0とした場合の両者の物質間の輻射のやりとり。鏡M_LおよびM_Rは両者の輻射が外部に漏れないようにするためのもの

収されるが，吸収されなかった残りは物質Cの背後にある鏡M_Lで反射され，再び物質C_0に向かう。前と同様に，その輻射は物質C_0の背後の鏡M_Rで反射されて物質Cに向かう。この過程を続けて得られる物質Cで吸収される輻射の合計は，CがC_0と同じ温度Tの平衡状態にあるという仮定から，熱力学第2法則によりCの放出する輻射に等しくなければならない。

このためには，任意の波長$\lambda \neq \lambda_0$に対して，物質Cで吸収される輻射の合計はそれが放出する輻射に等しくなるように輻射量と吸収率が定まっているはずである。これを確認するため，Cの輻射量を$E=E(\lambda, T)$，吸収率を$A=A(\lambda, T)$とすれば，Cから輻射されたEは（透明な）C_0の背後の鏡M_Rにより反射され，その一部AEはCに吸収されるが，残り$(1-A)E$はCで反射され，それが再びM_Rにより反射され，その一部$A(1-A)E$がCに吸収され，といった過程が延々と続くことになる。その結果，物質Cで吸収される輻射の合計は，無限等比級数の和

$$AE + A(1-A)E + A(1-A)^2E + A(1-A)^3E + \cdots = \frac{AE}{1-(1-A)} = E \qquad (13.1)$$

で与えられるが，それはたしかにもとのCの輻射量Eに等しい。

それでは参照物質C_0の関与する波長$\lambda=\lambda_0$の場合はどうか。C_0の輻射量

をE_0, 吸収率をA_0とし, 上の議論と同様にこのときのCの輻射量を$E = E(\lambda_0, T)$, 吸収率を$A = A(\lambda_0, T)$とすれば, Cから輻射されたEのうち, C_0で$(1 - A_0)E$が反射されてCにもどり, その一部$A(1 - A_0)E$はCに吸収されるが, 残り$(1 - A)(1 - A_0)E$はCで反射され, それが再びC_0により反射され, その一部$A(1 - A)(1 - A_0)^2E$がCに吸収され, といった過程が続く〈**図7**〉。その合計は

$$A(1-A_0)E + A(1-A)(1-A_0)^2E + A(1-A)^2(1-A_0)^3E + \cdots = \frac{A(1-A_0)E}{1-(1-A)(1-A_0)} \tag{13.2}$$

となる。一方, 今度はC_0から輻射されたE_0も存在するから, その一部AE_0がCに吸収され, 反射された$(1 - A)E_0$のうちCで反射された$(1 - A)(1 - A_0)E_0$の一部$A(1 - A)(1 - A_0)E_0$がCに吸収され, といった過程があり, それらの合計は

$$AE_0 + A(1-A)(1-A_0)E_0 + A(1-A)^2(1-A_0)^2E_0 + \cdots = \frac{AE_0}{1-(1-A)(1-A_0)} \tag{13.3}$$

で与えられる。これら式(13.2)と式(13.3)を合わせたものがCに吸収される全輻射である。ところが, 物質CとC_0は熱平衡にあり, かつ$\lambda \neq \lambda_0$では両者の間に輻射の出入りは存在しないことから, $\lambda = \lambda_0$においても, Cに吸収される全輻射はC自身が放出する輻射に等しくなければならない。この条件

$$\frac{A(1-A_0)E}{1-(1-A)(1-A_0)} + \frac{AE_0}{1-(1-A)(1-A_0)} = E \tag{13.4}$$

から$AE_0 = A_0E$, あるいは

$$\frac{E}{A} = \frac{E_0}{A_0} \tag{13.5}$$

を得る。これより, 波長$\lambda = \lambda_0$においては, 物質の輻射量と吸収率の比は, その物質の種類によらずつねに参照物質の輻射量と吸収率の比に等しいことがわかる。

ここでλ_0以外の任意の波長λについても対応する別の参照物質を想定すれば, 上の結論は任意の波長について成り立つことになる。これがキルヒホフの輻射法則を導く議論である。重要な点は, 輻射量と吸収率の比が物質の種

類によらず，波長と温度のみによって定まるということで，その意味でこの輻射法則には普遍性がある。先に述べたように，キルヒホフが彼の輻射法則を考えた背景には化学物質の分光学的な研究の発展 —— スペクトルの暗線と輝線の位置から化学物質を同定すること —— があったが，この輻射法則はこの研究法にお墨つきを与える重大な法則なのであった。実際，輻射法則を導いた論文[108]の末尾では，太陽スペクトルと地上での鉄の電気火花スペクトルとの比較から鉄が太陽大気に含まれることが示唆されており，彼の関心の在処(ありか)をさし示すものになっている。

黒体輻射からプランクへ

しかしながら，キルヒホフが輻射法則の証明に用いた議論は，無限に拡(ひろ)がる板状の物質を対象とし，特殊な性質をもつ参照物質の存在を想定するなど，明らかに証明に好都合な前提に基づくものであった。この弱点は当初から問題視されていたとみえ，キルヒホフ自身，ただちに議論を改善し精密化したものを論文として発表している[109]。ここで彼は現実的な状況として，まず対象とする物質Cは無限に拡がる板状の物質などではなく有限な大きさの塊とし，また参照物質C_0も物質Cを取り囲む箱だとしている。参照物質の目的は物質Cとの間に熱的平衡を実現することであり，それには外部環境からの独立性を保つことが必要となるが，これをもっとも簡単に行うには，入射するすべての波長の熱輻射を完全に吸収するものとすること，すなわち箱の吸収率を$A_0 = 1$とすればよい。キルヒホフはそのような物質を**黒体**とよび，その輻射量E_0を**黒体輻射**とよんだ。これは波長と温度のみの関数$E_0 = E_0(\lambda, T)$であり，すべての物質はその種類や位置によらずに前に導いた式(13.5)を満足する。これに$A_0 = 1$を代入したもの

$$\frac{E}{A} = E_0(\lambda, T) \tag{13.6}$$

の右辺が黒体輻射を特徴づける関数，すなわち，のちのプランク分布となるのである。

キルヒホフはこの第2論文のなかで[*5]，

＊5　この重要な部分は，文献110の訳文には欠落している。

この関数をみつけることは最高に重要な仕事になる。実験によってそれを定めることには困難が伴うだろうが，最終的にはこれに成功する十分な根拠があるように思われる。なぜなら，これまで発見された物質の種類に依存しない関数がすべてそうであったように，それはきっと簡単な形をしているだろうから。そしてその成功の暁には，この(輻射)法則の御利益の全体像が明らかになるだろう。

と述べている。この研究者の探究心を鼓舞する文章に鋭く反応したのが，キルヒホフよりも一世代若いプランクやヴィーンたちなのであった。プランクは学生時代，ベルリン大学においてキルヒホフの講義を受け，また後年，同大学で彼の後継者として採用されており，演習では学生にキルヒホフのスペクトル分析の論文を読ませていたと伝えられるが，そのなかにはおそらくこの黒体輻射の論文も含まれていたと思われる。ヴィーンはプランクよりも早くから黒体輻射に注目し，キルヒホフのいう関数形を決定する研究を行っていたが，この2人を含む若い世代の黒体輻射に関する研究が，量子力学への扉を開いたのであった。キルヒホフの示唆した普遍性は，世紀末にプランク定数$\boldsymbol{h}$として姿を現すことなる。

さて，彼の輻射法則と同じ結果を先に得ていたスチュワートに話をもどすと，彼はその普遍性についてキルヒホフのような認識をせず，また(当時，ようやく確立されたばかりだった)熱力学第2法則に基づく熱平衡概念の重要性を理解していなかったようである[111)]。スチュワートはこの直後にロンドン郊外のキュー天文台の台長に任命され，世界最初の太陽フレアの観測に関与して名を馳(は)せたが，彼が1866年に著した熱の教科書[112)]は版を重ねてロングセラーとなり，のちに続く世代に多大な影響を与えた。その序章には，次のような熱の本性についての概観が述べられている。

輻射熱の研究の結果から，その本質は熱い物体から抽出した物質などではなく，全空間を満たす媒質によって伝播する振動であることが，ほとんど確実に断定できるのである。その結果として，輻射熱が吸収されることによって生じる通常の熱についても，それは何かの運動であることが導かれるように思われる。

これは当時の西欧学術界における熱の認識をよく示している。「全空間を満たす媒質」とは熱を伝えるエーテルのことであり，当時，すでに熱は電磁波の一部であるとみなされるようになっていたから，ヤングの先見したように電磁波を伝えるエーテルと統一されつつあった。このような熱の本性に関する認識の変革を知るべくもない幕末の技術者たちは，遠く離れたところで孤軍奮闘しつつ反射炉を建設し，鉄製大砲の鋳造に勤（いそ）しんでいたのである。彼ら技術者にとっては物理学的な熱の理論は縁遠いものであったにせよ，輻射熱を効率よく反射させる方法を工夫するなかで，熱とはいったい何かを深く考えようとした者もいたに違いない。韮山の反射炉は，まさにこれらの輻射熱の本性が明るみにでた頃に建造され，操業していたのであった。

参考文献

1) 太田浩一，『電磁気学の基礎I』(東京大学出版会，2012).

2) M. Faraday, “Experimental Researches in Electricity,” *Phil. Trans. R. Soc. Lond.* **122** (1832) p. 125, Sect. 116.

3) M. Faraday, “Experimental Researches in Electricity,” *Phil. Trans. R. Soc. Lond.* **142** (1852) p. 25, Sect. 3115.

4) 今井　功，「磁力線の運動に意味があるか？」パリティ 1994年3月号 p. 54.

5) 最近のものは，たとえばF. Müller, *IEEE Trans. Mag.*, **50**, 700111 (2013) ; G. Giuliani, *Europhys. Lett.*, **81**, 60002 (2008).

6) R. P. ファインマン 著，宮島龍興 訳，『ファインマン物理学3　電磁気学』(岩波書店，1986) 17-2節.

7) J. Heilbron, ‘The electrical field before Faraday,’ *Conceptions of Ether* (Cambridge University Press, 1981) Sect. 6.

8) M. Faraday, *Phil. Mag.*, S.3 **XXVIII**, N188 (1846).

9) B. Bowers, *Sir Charles Wheatstone FRS: 1802–1875* (Science Museum/HMSO, 1975).

10) D. M. Cannell and N. J. Lord, ‘*George Green, Mathematician and Physicist 1793–1841,*’ *The Mathematical Gazette* **77**, 26 (1993) ; D. M. Cannell, ‘George Green, An Enigmatic Mathematician,’ *The American Mathematical Monthly* **106**, 136 (1999).

11) P. M. Harman ed., “The Scientific Letter and Papers of James Clerk Maxwell,” Vol. 1 (Cambridge University Press, 2009) p. 627.

12) 太田浩一，『マクスウェルの渦，アインシュタインの時計』(東京大学出版会，2005).

13) 太田浩一，『電磁気学の基礎I』(東京大学出版会，2012).

14) E. Whittaker, “A History of the Theories of Aether and Electricity,” Vol. 1 (Dover Publications, 1989).

15) ファインマンほか 著，宮島龍興 訳，『ファインマン物理学3　電磁気学』(岩波書店，1986) 14章および15章.

16) マクスウェルの論文は彼の論文集に収められている．W. D. Niven ed., “The Scientific Papers of James Clark Maxwell,” (Dover Publications, 2003).

17) C. N. Yang, *Physics Today* **67**, 45 (2014) ; 風間洋一 訳，パリティ 2015年9月号 p. 13. なお，内容的によりくわしい論考に以下のものがある．A. C. T. Wu and C. N. Yang, *Int. J. Mod. Phys.* **21**, 3235 (2006).

18) ヘヴィサイドに関する手短かで，かつ情報に満ちた解説は，たとえばB. J. Hunt, ‘Oliver Heaviside: A first-rate oddity,’ *Physics Today* **65**, 48 (2012).

19) 太田浩一，『電磁気学の基礎II』(東京大学出版会，2012).

20) R. P. ファインマンほか 著，戸田盛和 訳，『ファインマン物理学4　電磁波と物性』(岩波書店，1971) 6章.

21) O. Heaviside, “Electromagnetic Theory,” Vol. 3 (The Electrician, 1912).

22) J. C. Maxwell, “Electrical Researches of Henry Cavendish,” (Cambridge Univ. Press, 1879).

23) I. Falconer, “Editing Cavendish: Maxwell and the electrical researches of Henry Cavendish,” Proc. 1st Int. Conf. Hist. Phys., Living Edition/STARNA, Pöllauberg, Austria (2017).

24) E. Shech and E. Hatleback, “The Material Intricacies of Coulomb’s 1785 Electric Torsion Balance Experiment,” *PhilSci-Archive*, http://philsci-archive.pitt.edu/11048/ (2014).

25) J. C. Maxwell, “Treatise on Electricity and Magnetism,” (Clarendon Press, 1873).

26) B. J. Hunt, “The Maxwellians,” Vols. 1 & 2 (Cornell University Press, 1991).

27) 大貫義郎，日本物理学会誌 **39**, 498 (1984).

28) Y. Aharonov and D. Bohm, *Phys. Rev.* **115**, 485 (1959).
29) M. Peshkin and A. Tonomura, "The Aharonov-Bohm effect," *Lecture Notes in Physics* **340** (Springer Verlag, 1989).
30) ファインマンほか 著, 宮島龍興 訳,『ファインマン物理学3　電磁気学』(岩波書店, 1986) 15章.
31) 古田　彩, 日経サイエンス2011年11月号p. 61.
32) T. Wu and C. Yang, *Phys. Rev.* D **12**, 3845 (1975).
33) Y. Aharonov and D. Rohrlich, "Quantum Paradoxes: Quantum Theory for the Perplexed," (Wiley-VCH, 1989).
34) 英国のマクスウェリアンについては, この本がくわしい. B. J. Hunt, "The Maxwellians," (Cornell University Press, 1991).
35) J. Larmor, "Aether and Matter," (Cambridge University Press, 1900).
36) 砂川重信,『理論電磁気学』(紀伊國屋書店, 1999) 第3版.
37) 鈴木　炎,『エントロピーをめぐる冒険—初心者のための統計熱力学』(講談社ブルーバックス, 2014).
38) 田中舘愛橘,「科學雜纂：一ツ橋から赤門へ (II)」科學 **4**, 349 (1934).
39) Lord Kelvin, *Phil. Mag.* Ser. **6**, 1 (1901).
40) 19世紀末から20世紀全般にわたる物理学史を概観する良書として, ヘリガ・カーオ 著, 岡本拓司 監訳, 有賀暢迪, 稲葉肇ほか 訳,『20世紀物理学史』(上・下) (名古屋大学出版会, 2015).
41) A. Rücker, *Science, New Series*, **14**, 351 (Sep. 20. 1901) 425.
42) ポアンカレ 著, 河野伊三郎 訳,『科学と仮説』(岩波書店, 1938) 14章.
43) D. Hoffmann, *Centaurus* **43**, 240 (2001).
44) J. Mehra and H. Rechenberg, "The Historical Development of Quantum Theory," Vol. 1, Part 1 (Springer, 2002).
45) O. Darrigol, *Centaurus* **43**, 219 (2001).
46) 高田誠二,『プランク』(清水書院, 1991).
47) M. Planck, *Annalen der Physik* **4**, 553 (1901)；辻　哲夫 訳, 物理学史研究刊行会 編,「正常スペクトル中のエネルギー分布の法則について」『物理学古典論文叢書』**1** (東海大学出版会, 1970) p. 231.
48) M. Planck, *Verhandlungen der Deutschen Physikalischen Gesellschaft* **2**, 237 (1900)；辻　哲夫 訳, 物理学史研究刊行会 編,「正常スペクトルにおけるエネルギー分布の法則の理論」『物理学古典論文叢書』**1** (東海大学出版会, 1970) p. 219.
49) 広重　徹, 西尾成子, 科学史研究 [第2期] **70**, 88 (1964).
50) 我孫子誠也, 科学史研究 **52**, 5 (2013).
51) アインシュタインの伝記は, さまざまなものが出版されているが, 物理の内容の解説では次のパイスの労作が優れている. アブラハム・パイス 著, 西島和彦 監訳, 金子　務ほか 訳,『神は老獪にして：アインシュタインの人と学問』(産業図書, 1987). なお, この本の量子力学に関する部分は, パイスの以下の論文に多く依拠している. A. Pais, *Rev. Mod. Phys.* **51**, 863 (1979).
52) A. Einstein, "Über einen die Erzeung und Verwandlung des Lichtes betreffenden heuristischen Gesichtpunct," *Ann. der Phys.* **17**, 132 (1905)；和訳は, 湯川秀樹 監修, 中村誠太郎ほか 訳,『アインシュタイン選集1』(共立出版, 1971) などに所収. また英訳は, *Am. J. Phys.* **33**, 367 (1965) に掲載されている.
53) A. Einstein, "Zum gegenwärtigen Stand des Strahlungsproblem," *Phys. Z.* **10**, 185 (1909)；高田誠二 訳, 物理学史研究刊行会 編,『輻射の問題の現状について』物理学古典論文叢書2 (東海大学出版会, 1969).
54) 桑木彧雄,「留學雜記」東洋學藝雜誌 **27**, 238, 369, 427, 481 (1910).
55) A. Einstein, 'Strahlungs-Emission und -Absorption nach der Quantentheorie,' *Verhandlungen der Deutsche Physikalische Gesellschaft* **18**, 318 (1916). 和訳は, 高田誠二 訳, 物理学史研究刊

行会 編,『量子論による輻射の放出と吸収』(物理学古典論文叢書2, 東海大学出版会, 1969).

56) 伏見康治,「アインシュタインと原子論」『数学と物理学』(伏見康治著作集3, みすず書房, 1986) p. 68.

57) M. Born ed, "The Born-Einstein Letters," (Walker, 1971) p. 23. これはアインシュタインの確率過程に関する考え方が多くの資料によって示されているパイスの労作(文献59)のVI章にも言及されている.

58) 柳瀬睦男, 江沢 洋 編,『アインシュタインと現代の物理』(ダイヤモンド社, 1979)序文.

59) A. パイス 著, 金子 務ほか 訳, 西島和彦 監訳,『神は老獪にして―アインシュタインの人と学問』(産業図書, 1987).

60) M. プランク 著, 河辺六男 訳, 湯川秀樹, 井上 健 編,『現代の科学II』(世界の名著66, 中央公論社, 1970) p. 91.

61) 石原 純, アララギ **9** (3) (1916) p. 2.

62)「石原純あて寺田寅彦書簡」, 科学2015年12月号p. 1173.

63) 西尾成子,『科学ジャーナリズムの先駆者 評伝 石原純』(岩波書店, 2011).

64) H. Vaihinger, "Die Philosophie des Als Ob," (Reuther & Reichard, 1911).

65) W. ハイゼンベルク 著, 山崎和夫 訳,『部分と全体』(みすず書房, 1999) 13章.

66) 小堀桂一郎,『森鷗外―日本はまだ普請中だ』(ミネルヴァ日本評伝選, ミネルヴァ書房, 2013) 6章.

67) A. Fine, *Midwest Studies in Philosophy* **18**, 1 (1993).

68) R. P. ファインマン 著, 江沢 洋 訳,「量子電磁力学に対する時空全局的観点の発展―ノーベル賞受賞講演」『物理法則はいかにして発見されたか』(岩波書店, 2001) p. 300.

69) L. M. Brown, ed., "Feynman's Thesis—A New Approach to Quantum Theory," (World Scientific, 2005).

70) R. P. Feynman and A. R. Hibbs, "Quantum Mechanics and Path Integrals: Emended Edition," (Dover, 2010).

71) A. アクゼル 著, 水谷 淳 訳,『宇宙創造の一瞬をつくる―CERNと究極の加速器の挑戦』(早川書房, 2011) 第6章.

72) J. Lee and I. Tsutsui, 'Quasi-probabilities in conditioned quantum measurement and a geometric/statistical interpretation of Aharonov's weak value,' *Prog. Theor. Exp. Phys.* 052A01 (2017).

73) P. Curie, "Sur la possibilité d'existence de la conductibilité magnétique et du magnétique libre," (On the possible existence of magnetic conductivity and free magnetism), Séances de la Société Française de Physique (Paris), 76 (1894).

74) P. Dirac, 'Quantised singularities in the electromagnetic field,' *Proc. Roy. Soc.* (London) A **133**, 60 (1931).

75) R. Jackiw, S. Treiman et al., eds., "Topological investigations of quantized gauge theories," Current Algebra and Anomalies (World Scientific, 1985) p. 287.

76) H. Weyl, "Gravitation und Elektrizität," Sitzungsber. Preuss. Akad. Berlin, 465 (1918).

77) E. Schrödinger, "Über eine bemerkenswerte Eigenschaft der Quantenbahnen eines einzelnen Elektrons," *Zeit. f. Phys.* **12**, 13 (1923).

78) ジョン・グリビン 著, 松浦俊輔 訳,『シュレーディンガーと量子革命―天才物理学者の生涯』(青土社, 2014) 5章と7章.

79) V. Fock, 'Über die invariante Form der Wellen- und der Bewegungsgleichungen für einen geladenen Massenpunkt,' *Zeit. f. Phys.* **39**, 226 (1926).

80) J. Jackson and L. Okun, 'Historical roots of gauge invariance,' *Rev. Mod. Phys.* **73**, 663 (2001).

81) F. London, 'Quantenmechanische Deutung der Theorie von Weyl,' *Zeit. f. Phys.* **42**, 375 (1927).

82) H. Weyl, 'Elektron und Gravitation,' *Zeit. f. Phys.* **56**, 330 (1929).

83) L. O'Rafeartaigh, *The Dawning of Gauge Theory* (Princeton Univ. Press, 1997).
84) L. O'Rafeartaigh and N. Straumann, "Gauge theory: Historical origins and some modern development," *Rev. Mod. Phys.* **72**, 1 (2000).
85) C. Yang, *Selected Papers 1945-1980 with Commentary* (Freeman and Company, 1983).
86) C. Yang and R. Mills, 'Conservation of isotopic spin and isotopic gauge invariance,' *Phys. Rev.* **96**, 191 (1954).
87) M. Atiyah 'Ronald Shaw,' *Trinity Annual Record* **2017**, 137 (2017) https://www.trin.cam.ac.uk/alumni/publications/the-annual-record/
88) 内山龍雄,『物理学はどこまで進んだか』(岩波書店, 1983) 10章.
89) R. Utiyama, "Invariant theoretical interpretation of interaction," *Phys. Rev.* **101**, 1597 (1956).
90) G. FitzGerald, *Brit. Assoc. Rep.* **58**, 557 (1889).
91) 太田浩一,『マクスウェルの渦, アインシュタインの時計』(東京大学出版会, 2005) 7章.
92) A. Miller, "Albert Einstein's Special Theory of Relativity," (Addison-Wesley, 1981) Chap. 2.5.
93) A. Einstein, "Äther und Relativitätstheorie," (Springer, 1920); 和訳は, 湯川秀樹 監修, 内山龍雄 訳編,『アインシュタイン選集2』(共立出版, 1972).
94) P. Dirac, *Nature* **168**, 906 (1951).
95) R. Laughlin, "A Different Universe, Reinventing Physics from the Bottom Down" (Basic Books, 2005); 和訳は, 水谷　淳 訳,『物理学の未来』(日経BP社, 2006) 10章.
96) J. Bell, "Speakable and Unspeakable in Quantum Mechanics," (Cambridge Univ. Press, 2004).
97) 筒井　泉, 日本物理学会誌 **69**, 836 (2014):『量子力学の反常識と素粒子の自由意志』(岩波書店, 2011).
98) P. Davies and J. Brown eds., *The Ghost in the Atom: A Discussion of the Mysteries of Quantum Physics* (Cambridge Univ. Press, 1986).
99) 韮山町教育委員会, 建材試験センター 編,『史跡韮山反射炉保存修理事業報告書』(静岡県韮山町, 1989).
100) 大橋周治,『幕末明治製鉄史』(アグネ, 1975).
101) U. Huguenin, "Het Gietwezen In's Rijks Ijzer-Geschutgieterij Te Luik," (A. Kloots en Comp., 1826).
102) W. Herschel, 'Experiments on the Refrangibility of the invisible Rays of the Sun,' *Phil. Trans. Roy. Soc.* **90** (1800) 284.
103) W. Herschel, 'Experiments on the solar, and on the terrestrial Rays that occasion Heat (2d part),' *Phil. Trans. Roy. Soc.* **90** (1800) 437.
104) D. S. L. Cardwell, "From Watt to Clausius," (Cornell Univ. Press, 1971).
105) 山本義隆,『熱学思想の史的展開—熱とエントロピー』(ちくま学芸文庫, 2009).
106) J. Coopersmith, "Energy the Subtle Concept," (Oxford Univ. Press, 2010).
107) J. Leslie, "An Experimental Inquiry Into the Nature and Propagation of Heat," (London: J. Mawman, 1804).
108) G. Kirchhoff, 'Über den Zusammenhang zwischen Emission und Absorption von Licht und Wärme,' *Monatsberichte der Akademie der Wissenschaften zu Berlin*, sessions of Dec. **1859**, (1860) 783.
109) G. Kirchhoff, 'Über das Verhältnis zwischen dem Emissionsvermögen und dem Absorptionsvermogen der Körper fur Wärme und Licht,' *Poggendorfs Annalen der Physik und Chemie*, **109** (1860) 275.
110) 物理学史研究刊行会 編,『熱輻射と量子』物理学古典論文叢書1 (東海大学出版会, 1970).
111) D. Siegel, "Balfour Stewart and Gustav Robert Kirchhoff: Two Independent Approaches to "Kirchhoff's Radiation Law"," *Isis*, **67** (1976) 565.
112) B. Stewart, "An Elementary Treatise on Heat," (Oxford, Clarendon Press, 1866).

人名索引

人名(原綴り), 生没年, 国籍

人名(原綴り), 生没年, 国籍

人名(原綴り)，生没年，国籍

人名(原綴り), 生没年, 国籍

事項索引

は行

ま行

や行

ら行

著者の略歴
筒井　泉（つつい　いずみ）
高エネルギー加速器研究機構・素粒子原子核研究所准教授。理学博士。ハンブルク大学博士研究員，ダブリン高等研究所研究員，東京大学原子核研究所助手を経て，現職。おもな研究分野は場の量子論，量子基礎論。

電磁場の発明と量子の発見

令和 2 年 1 月 30 日　発　　行
令和 6 年 6 月 5 日　第 4 刷発行

著作者　筒　井　　泉

発行者　池　田　和　博

発行所　丸善出版株式会社
〒101-0051　東京都千代田区神田神保町二丁目17番
編集：電話(03)3512-3265／FAX(03)3512-3272
営業：電話(03)3512-3256／FAX(03)3512-3270
https://www.maruzen-publishing.co.jp

組版印刷・製本／三美印刷株式会社

ISBN 978-4-621-30483-9　C 3042　　Printed in Japan